工程卫士
建设发家

王早生

二〇二二年八月十六日

2024 中国建设监理与咨询

——监理技术要点与全资模式探析

组织编写　中国建设监埋协会

中国建筑工业出版社

图书在版编目（CIP）数据

2024 中国建设监理与咨询 . 监理技术要点与全资模式
探析 / 中国建设监理协会组织编写 . -- 北京：中国建
筑工业出版社，2024. 8. -- ISBN 978-7-112-30039-6

Ⅰ . TU712.2

中国国家版本馆 CIP 数据核字第 2024WW3061 号

责任编辑：陈小娟　焦　阳
责任校对：王　烨

2024 中国建设监理与咨询
——监理技术要点与全资模式探析
组织编写　中国建设监理协会
*
中国建筑工业出版社出版、发行（北京海淀三里河路 9 号）
各地新华书店、建筑书店经销
北京雅盈中佳图文设计公司制版
天津裕同印刷有限公司印刷
*
开本：880 毫米 ×1230 毫米　1/16　印张：7$\frac{1}{2}$　字数：300 千字
2024 年 8 月第一版　2024 年 8 月第一次印刷
定价：35.00 元
ISBN 978-7-112-30039-6
（43142）

目录 CONTENTS

行业发展

京津沪渝直辖市监理协会联席会在重庆顺利召开

为加强京、津、沪、渝四个直辖市监理行业的交流互动，发挥直辖市行业协会引领作用，2024年5月21日上午，重庆市建设监理协会牵头组织召开京津沪渝直辖市监理协会联席会。中国建设监理协会副会长兼秘书长李明安应邀出席会议并发表讲话。

本次会议旨在探讨和制定京津沪渝直辖市监理协会联席会会议制度，并研究在大力发展新质生产力的背景下，协会如何有效推进监理行业高质量发展。北京市建设监理协会会长张铁明、秘书长李伟；上海市建设工程咨询行业协会秘书长徐逢治，副会长龚花强、杨卫东；天津市建设监理协会理事长吴树勇、副理事长兼秘书长赵光琪；重庆市建设监理协会会长冉鹏、秘书长胡明健、副秘书长史红等参会交流。会议由胡明健秘书长主持。

参会代表就如何研制联席会联席制度、加强监理行业协作等问题展开了讨论；并对近年来各地监理行业现状和协会监理工作成效展开了交流，强调了在当前形势下，监理行业发挥新质生产力、推动高质量发展的重要性；会上还传达了行业近期重要会议、活动和文件精神，并结合中国建设监理协会的年度工作目标，明确了本年度联席会工作计划。

中国建设监理协会副会长兼秘书长李明安发表讲话，他希望以此联席会为契机，以点带面，带动全国监理行业协会协作交流的积极性，共同推进全国监理行业实现高质量发展。与此同时，他还从理论研究、成效宣传、标准编制、行业自律、合作交流等几个方面提出了相关要求和建议。

（上海市建设工程咨询行业协会　供稿）

聚焦项目抓党建　抓好党建促履职
——河南省建设监理协会和中新创达咨询公司联合开展微党课进项目监理机构活动

为加强行业协会党组织与企业党组织的双向交流，扩大党建工作覆盖面，促进项目监理机构党建工作和提升项目服务水平，2024年5月22日上午，在郑州大学第一附属医院惠济院区改扩建项目部，河南省建设监理协会党支部和中新创达咨询公司党支部联合开展了微型党课进项目监理机构活动。

协会党支部书记、会长孙惠民出席活动并为大家上党课，副书记、常务副会长兼秘书长耿春，创达咨询公司党支部书记董高峰、执行董事徐希萍，与受邀专家、协会秘书处以及该项目监理机构全体同志参加了活动。

活动邀请行业专家对项目监理机构党建工作和监理机构标准化建设进行点评和指导。大家深入项目施工现场，认真听取情况介绍，实地查看项目监理日志、通知单等监理资料，就如何更好地提升项目管理工作展开了深入交流。

（河南省建设监理协会　供稿）

广东省建设监理协会举办"新业态用工的裁判思路及人力资源合规的实操指引"讲座

为增强企业在新时代发展下合规用工意识，提高企业人力资源合规管理水平，2024年5月23日，协会联合广州市纳税人协会、广东国智律师事务所在广州举办"新业态用工的裁判思路及人力资源合规的实操指引"专题讲座，本次讲座共吸引了15家会员单位共38人参加。

讲座由广东国智律师事务所高级合伙人、广州市司法局调解专家库专家、广东省国资委系统普法讲师团成员施洁浩律师担任分享嘉宾，重点围绕新业态用工和人力资源合规两大议题，详细阐述涉及新业态用工的法规政策解读，并通过实操案例分析企业如何合法规避用工风险。

（广东省建设监理协会　供稿）

上海市建设工程咨询行业协会赴港、粤考察调研

2024年正值《粤港澳大湾区发展规划纲要》发布实施5周年之际，为考察调研大湾区阶段性建设成效，学习香港同仁与广东省建筑领域的创新发展成就以及他们在专业发展、人才培养、行业自律等方面的先进经验，同时加强协会间互动交流，推动行业、企业、专业人士之间的互利合作，4月27日至月底，上海市建设工程咨询行业协会高层管理者、青年从业者一行分别考察了香港测量师学会、香港楼宇复修资源中心及广东省建设监理协会。

在香港测量师学会，会长林家辉及各测量师向调研团详细介绍了香港工料测量师、建筑测量师的能力标准及工作职责、培养方式等，并分享了香港测量师学会在专业发展、行业自律、促进行业发展方面的经验和举措，同时对上海同行关心的工料测量师在财务索赔（司法鉴定）中的地位和作用以及在法律纠纷实践中的应用准则等问题给出了专业意见；另外也向上海同行介绍为了应对BIM、绿色低碳、数智化等新技术带来的行业变化，香港测量师学会今后的主要工作方向、重点等。双方还就沪港两地学会、协会的人才培养与专业提升以及城市更新、新技术应用等热点问题展开了热烈的讨论。

在香港楼宇复修资源中心，香港市区重建局楼宇复修高级经理何智雄先生介绍了楼宇复修资源中心的相关工作。调研团参观了香港楼宇复修资源中心的四个展区，包括因时失修、工程知识、组织能力及财政储备等。该中心亮点之一是一组立体多面大屏幕装置，透过逼真的三维影像和烟雾效果，参观者仿佛置身严重失修的楼宇内，借此加强公众对于楼宇管理和定期维修的意识。

在广东省建设监理协会，会长史俊沛向上海同行介绍了广东监理企业规模、从业人员队伍、企业经营情况以及新业态、新技术发展的情况等，同时分享了广东省建设监理协会在专业发展、人才培养、行业自律等方面的经验和建议。上海市建设工程咨询行业协会秘书长徐逢治同步介绍了上海监理行业的基本情况及相关数据。双方围绕沪粤两地行业现状、推行全过程工程咨询模式的经验教训以及面对高质量发展的要求和现阶段建筑市场的结构化转型的思考展开了热烈的讨论。

（上海市建设工程咨询行业协会　供稿）

"第三届'东方杯'上海市建设工程咨询行业协会城市定向户外挑战赛（2024）"成功举办

为纪念五四运动105周年、庆祝上海市建设工程咨询行业协会成立20周年，也为进一步激发上海建设工程咨询行业从业者的爱国情怀和创新精神、推动上海建设工程咨询行业以高质量党建引领高质量发展、加快促进行业发展新质生产力，2024年5月19日上午，上海市建设工程咨询行业协会在浦江之畔、杨浦之滨举办了以"探城市发展脉络，寻百年工业遗存"为主题的"第三届'东方杯'上海市建设工程咨询行业协会城市定向户外挑战赛（2024）"暨协会成立20周年系列活动。

此次活动由上海市建设工程咨询行业协会主办，上海东方投资监理有限公司与上海市杨浦区体育总会协办，并得到了《建筑时报》的大力支持。协会副会长周培康、秘书长徐逢治，青联会主席顾晓辉及相关工作人员、青联会成员出席了活动。

本次挑战赛得到协会会员单位的广泛关注和积极参与，汇集了全行业会员单位46支队伍230名参赛选手同场竞技。

（上海市建设工程咨询行业协会　供稿）

上海市建设工程咨询行业协会青年从业者联谊会参观考察耀雪冰雪世界项目

2024年5月17日下午，上海市建设工程咨询行业协会青年从业者联谊会举办耀雪冰雪世界项目考察活动，组织部分成员参观项目现场施工情况，并与相关咨询管理团队开展专业交流活动。

本次活动邀请了项目管理公司，从项目概况、项目建设进展、项目特殊性及亮点、项目管理方式和经验等四个方面介绍分享项目建设情况。

协会青联会成员认真听取了专业分享，大家结合自身工作实际，围绕深基坑、屋面光伏、特种设备、娱乐设备、保温工程、滑雪场屋盖钢结构及金属屋面施工、复杂曲面大坡度坡道混凝土结构施工、制冷造雪工程、室内外主题包装工程等技术主题，与管理公司、总包单位、监理单位进行了交流讨论。

（上海市建设工程咨询行业协会　供稿）

团结合作促发展　凝心聚力创未来
河北省建筑市场发展研究会2024年第一期企业开放日活动——走进中基华工程管理集团有限公司

2024年5月28日，河北省建筑市场发展研究会开展了2024年第一期企业开放日活动——走进中基华工程管理集团有限公司，研究会会长倪文国、秘书长穆彩霞，中基华工程管理集团董事长袁建强等公司高层管理人员，以及来自全省的二十余位优秀企业代表参加了此次活动。

参加活动人员就监理企业参建雄安新区项目建设情况，开展全过程工程咨询情况，当前市场坏境卜如何提升监理企业业务量，监理企业如何开拓海外监理业务市场，监理企业信息化软件应用情况，如何更好地推进信息化建设，监理如何开展系统化、规范化、精细化管理，以及转型升级过程中遇到的问题等方面进行了交流。

（河北省建筑市场发展研究会　供稿）

河北省建筑市场发展研究会来陕调研座谈

2024年5月27日下午，河北省建筑市场发展研究会副会长王英、副秘书长王崇、监事石琼及4家河北省监理企业的负责同志来陕调研座谈。陕西省建设监理协会会长高小平、副秘书长郭红梅等协会领导陪同，并在西安古都文化大酒店召开调研座谈会。

5月28日上午，河北省建筑市场发展研究会一行7人在陕西省建设监理协会的安排陪同下，前往永明项目管理公司实地考察调研，与永明公司董事长张平及其管理团队进行了深入的交流与探讨。

（陕西省建设监理协会　供稿）

陕西省建设监理协会党支部召开党课教育暨党纪学习教育交流会

根据陕西省民政厅社会组织党委《关于做好党纪学习教育第二次学习工作有关安排的通知》（以下简称《通知》）要求，2024年5月27日上午，陕西省建设监理协会党支部召开党课教育暨党纪学习教育交流会。党员、入党积极分子及秘书处同志共11人参加了党课教育暨党建学习教育交流会。第一书记高小平主持会议。

马英书记组织传达学习了《通知》要求，第一书记高小平以《学好党纪党规，推进党风廉政建设》为题给大家讲党课。

在此之前，5月10日，陕西省建设监理协会组织5名党员干部参加陕西省住建厅机关离退休党员暨省建设系统各协会党支部党纪学习教育专题会议。按照省民政厅社会组织党委党建处要求，5月21日又组织参加宏观政策民营企业主观感受调查问卷活动，共有196家监理企业反馈填报调查问卷。

（陕西省建设监理协会　供稿）

筑梦监理 引才聚智
2024年北京市建设监理协会春季校园招聘工作总结交流会议召开

2024 年 5 月 22 日下午，北京市建设监理协会校招联盟线上线下同步召开了"2024年春季校园招聘工作总结交流会"。北京市建设监理协会秘书长李伟、副会长刘秀船，信息部主任石晴以及诺士诚常务副总经理易伟强等 67 名监理企业人力资源相关负责人员参加了会议。大家共同回顾总结了春季校园招聘的成效与经验，探讨了行业人才培养与发展策略，为监理行业的持续发展注入新活力。会议由刘秀船副会长主持。

在协会的精心组织和 15 家校招联盟企业的积极参与下，六场校园招聘活动共吸引了1920 份简历投递，成功签约了 134 名各专业应届生，为监理行业增添了坚实的后备人才贮备，他们的加入预示着公司未来的强大潜力和行业发展的新动力。

此外，多家学校就业指导中心表示愿与协会加强合作，共同探索新型招聘形式，如双选会等，为未来的招聘工作提供了新的思路。

（北京市建设监理协会　供稿）

学条例、明纪律、知敬畏、守底线
——武汉市工程建设全过程咨询与监理协会党支部6月主题党日活动暨党纪学习教育圆满举行

为全面贯彻落实《中国共产党纪律处分条例》（以下简称《条例》），坚持"党建引领业务，党建融入行业"的工作导向，确保党纪学习教育深入各行业协会党组织，武汉市工程建设全过程咨询与监理协会党支部根据市委社会工作部关于推进全市党纪学习教育的相关部署，于2024 年 6 月 3 日上午，成功举办了 6 月主题党日活动暨党纪学习教育活动。此次活动由支部书记汪成庆主持，纪检委员杜富洲、组织委员黄泽光与全体同志共同参加了活动。

活动伊始，汪书记带领全体党员、预备党员及入党积极分子共同重温入党誓词，随后，支部组织全体成员深入学习了中共中央办公厅印发的《关于在全党开展党纪学习教育的通知》精神，重点解读《条例》的核心内容和精神实质。

此外，活动还通过观看纪录片《筑牢防线　守护初心》，以案说法、以案明纪，教育引导全体党员从案例中汲取教训，增强对党纪国法的敬畏之心，自觉做到警钟长鸣、防微杜渐。

（武汉市工程建设全过程咨询与监理协会　供稿）

中国建设监理协会《工程监理典型案例集（2024年）》（市政公用工程）编写工作交流会顺利召开

2024年6月3日下午，中国建设监理协会"工程监理典型案例系列丛书"（以下简称"丛书"）《工程监理典型案例集（2024年）》（市政公用工程）（以下简称"案例集市政分册"）编写工作交流会在上海召开。本次会议由上海市建设工程咨询行业协会组织，采用线上线下结合的方式，来自北京、河北、河南、江西、江苏、浙江、广东、上海等地入选案例集市政分册的各企业负责人和编委近40位参会代表参加了会议。中国建设监理协会副会长兼秘书长李明安，中国建设监理协会副会长、丛书主审北京交通大学教授刘伊生出席会议并讲话，分册主编上海同济工程咨询有限公司总经理杨卫东在会上作总体工作部署。会议由上海市建设工程咨询行业协会秘书长徐逢治主持。中国建设监理协会监理改革办公室主任宫潇琳、上海同济工程咨询有限公司工程咨询发展研究院院长敖永杰以及上海市建设工程咨询行业协会相关工作负责人出席会议。

中国建设监理协会副会长兼秘书长李明安首先对入选案例集市政分册的企业表示祝贺，并明确了此次丛书编写的背景与目的，他指出此次丛书的编写能起到展示行业成就、树立监理形象、彰显监理价值、树立行业标杆的作用，希望各家参与单位能够认真完成此次工作。

丛书主审刘伊生教授在会上对案例集市政分册各个章节做了具体、翔实的要求，希望书稿编写抓住监理工作的重点和特色，突出监理的成效和亮点，在挖掘深度的同时，注重增加可读性，避免平铺直叙，做到观点鲜明、重点突出、图文并茂。

分册主编上海同济工程咨询有限公司总经理杨卫东对大家的参会表示感谢，并对本次编写工作的总体要求和进度安排做了说明，表示本次编写工作时间紧、任务重、难度大，希望大家高度重视，共同努力，高质量完成编写工作。

同济咨询发展研究院院长敖永杰详细介绍了编写要求和完成时间的节点安排。各参编单位认真听取了工作的安排和介绍，并结合各自负责案例的特点，分别做了交流发言，参编代表纷纷表示此次丛书编写有助于提升行业监理水平，促进经验交流和知识共享，将会高度重视案例的编写工作，并在规定时间内认真完成编写工作。

（上海市建设工程咨询行业协会　供稿）

上海市建设工程咨询行业协会微信服务号、订阅号获评"全国建筑业优秀公众号"奖项

2024年5月30日，由建筑时报社主办的2024年建筑业微信公众号运维交流研讨会暨"全国建筑业优秀公众号"颁奖典礼在广东省深圳市举办。会上公布了2024年全国建筑业最具影响力微信公众号、优秀微信公众号、新锐视频号以及优秀微信十佳案例获奖名单。上海市建设工程咨询行业协会主办的"上海市建设工程咨询行业协会"微信服务号和"上海市建设工程咨询行业协会资讯"微信订阅号分别荣获2024年全国建筑业"最具影响力"和"优秀"微信公众号称号。

（上海市建设工程咨询行业协会　供稿）

中国建设监理协会《工程监理典型案例集（2024年）》（建筑工程）编写工作交流会顺利召开

中国建设监理协会组织编辑出版"工程监理典型案例系列丛书"（以下简称"丛书"）工作。2024年5月31日下午，丛书分册《工程监理典型案例集（2024年）》（建筑工程）（以下简称"案例集建筑分册"）编写工作交流会在北京召开。本次会议采用线上线下结合的方式，来自北京、上海、浙江、重庆、河南、福建、广东、山东等地入选案例集建筑分册的企业负责人和编委共50余位代表参加了会议。中国建设监理协会副会长兼秘书长李明安、中国建设监理协会副会长刘伊生教授（丛书主审）出席会议并讲话，会议由案例集建筑分册主编、北京市建设监理协会秘书长李伟主持。

中国建设监理协会副会长兼秘书长李明安对10家入选案例集建筑分册的企业表示祝贺，介绍丛书编写的背景、目的和意义，他要求案例集的出版发行要充分体现监理工作成效、彰显监理行业成就、展现监理行业价值，并为行业树立典型标杆，编写工作意义重大、时间有限，10家入选企业要充分重视，全力完成编写工作。

中国建设监理协会副会长、丛书主审刘伊生教授对案例集建筑分册各章节框架和重点内容提出了要求，他指出此次丛书编写没有先例，各企业要认真总结，写出特点和深度；编写中要突出监理工作特色和成效，把发挥监理作用作为亮点，认真总结工作经验和启示，做到可推广、可复制；要注重可读性，突出重点、图文并茂，避免平铺直叙。

北京市建设监理协会秘书长、案例集建筑分册主编李伟对参会人员表示感谢，对案例集建筑分册编写工作的总体要求和时间节点作了说明，确定每两周召开一次工作例会，希望大家高效推进，按时高质量完成编写工作。会上各参编单位结合各自案例的特点，分别作了交流发言。

中国建设监理协会监理改革办公室主任宫潇琳、北京市建设监理协会相关工作人员出席会议。

（中国建设监理协会 供稿）

2024年广西建设工程监理人员质量检测管理公益性培训班顺利举办

为加强监理单位建设工程质量检测管理职责，进一步提升广西监理单位人员对工程质量检测管理工作的业务素质和操作技能，2024年6月4日，广西建设工程监理人员质量检测管理公益性培训班在南宁市顺利举办。来自全区监理单位的负责人、技术负责人和现场管理人员等200人参加了培训。

本次培训特邀广西建设工程质量检测试验协会会长吴晓广作精彩授课，重点对广西建设工程质量检测工作管理、在建工程的质量检测项目和管理等相关知识进行全面细致的专业讲解宣贯。培训将丰富的理论知识与生动的实践案例相结合，内容翔实、重点突出，具有较强的指导性、针对性和启发性。

（广西建设监理协会 供稿）

山东省建设监理与咨询协会党支部开展党纪学习教育专题党课

为深入贯彻习近平总书记关于开展党纪学习教育的重要指示要求，认真落实党中央决策和省委工作部署，根据省社会组织综合党委党纪学习教育会议精神，2024 年 4 月 29 日，中共山东省建设监理与咨询协会支部组织开展了党纪学习教育专题党课。省协会党支部书记、会长陈文担任主讲人，党支部副书记、副秘书长陈刚，副会长张济金以及秘书处全体党员和工作人员共 15 人参加。

陈文书记传达了《中共山东省社会组织综合委员会关于开展党纪学习教育的通知》精神，详细讲授了《中国共产党纪律处分条例》新修订内容的重点解读专题党课。他简要介绍了《中国共产党纪律处分条例》的修订过程、重要意义、主要特点和具体内容等，并结合协会实际工作情况及相关现象，着重讲解了纪律底线和需要注意的事项。

（山东省建设监理与咨询协会　供稿）

贵州省建设监理协会五届三次理事会暨2023年年会在贵阳召开

2024 年 3 月 27 日，贵州省建设监理协会五届三次理事会暨 2023 年年会在贵阳市召开。协会理事会理事、监事会监事、党支部书记，协会专家委员会、自律委员会、全过程咨询委员会负责人以及市（州）工作部的负责人等以及部分会员代表共计 160 余人参加了会议。会议由常务副会长兼秘书长王伟星主持。

胡涛同志当选为五届理事会新任会长。

理事会审议并通过了《协会 2023 年工作总结》《协会 2024 年工作计划》《协会 2023 年度财务报告》，以及新修订的《贵州省建设监理协会会员自律公约》和《贵州省建设监理协会市（州）工作部管理办法》。会议还讨论了协会五届理事会常务理事、理事人选变更，接收新会员和清退违反协会章程会员等议题。

（贵州省建设监理协会　供稿）

2023 年全国建设工程监理统计公报

根据建设工程监理统计调查制度有关规定，住房和城乡建设部对 2023 年全国具有建设工程监理资质的企业基本数据进行了统计，现公布如下：

一、企业总体情况

2023 年，全国共有 19717 个具有建设工程监理资质的企业参加了统计，同比增长 21.2%。其中，综合资质企业 349 个，同比增长 19.1%；甲级资质企业 5833 个，同比增长 13.3%；乙级资质企业 12623 个，同比增长 30.6%。具体分布见表 1~ 表 3。

二、从业人员情况

2023 年，具有建设工程监理资质的企业年末从业人员 210.8 万人，同比增长 9.2%。其中，正式聘用人员 124.8 万人占 59.2%，临时聘用人员 86 万人占 40.8%；工程监理人员为 86.3 万人占 40.9%，其他人员 124.5 万人占 59.1%。

年末专业技术人员 123.7 万人，占年末从业人员总数的 58.7%，同比增长 5.0%。其中，高级职称人员 23.9 万人，中级职称人员 50.8 万人，初级职称人员 26.3 万人，其他人员 22.8 万人。

年末注册执业人员为 71.4 万人，同比增长 19.0%。其中，注册监理工程师为 33.9 万人占 47.5%，同比增长 17.7%；其他注册执业人员为 37.5 万人占 52.5%，同比增长 20.2%。

三、业务情况

2023 年，具有建设工程监理资质的企业承揽监理合同额 2024.2 亿元，同比减少 1.6%；工程勘察设计、工程招标代理、工程造价咨询、工程项目管理与咨询服务、全过程工程咨询及其他业务合同额 8198.5 亿元，同比增长 21.0%。

四、财务情况

2023 年，具有建设工程监理资质的企业全年监理收入 1676.4 亿元，与上年基本持平；工程勘察设计、工程招标代理、工程造价咨询、工程项目管理与咨询服务、全过程工程咨询及其他业务收入 5007.8 亿元，同比增长 19.7%。其中，45 个企业监理收入超过 3 亿元，101 个企业监理收入超过 2 亿元，287 个企业监理收入超过 1 亿元，监理收入超过 1 亿元的企业个数与上年基本持平。

全国建设工程监理企业按地区分布情况　　表 1

地区名称	北京	天津	河北	山西	内蒙古	辽宁	吉林	黑龙江
企业个数	430	160	662	340	154	354	292	278
地区名称	上海	江苏	浙江	安徽	福建	江西	山东	河南
企业个数	283	1568	1901	1685	1777	616	1088	624
地区名称	湖北	湖南	广东	广西	海南	重庆	四川	贵州
企业个数	758	454	1355	586	154	518	978	322
地区名称	云南	西藏	陕西	甘肃	青海	宁夏	新疆及生产建设兵团	
企业个数	464	92	1018	195	278	165	168	

全国建设工程监理企业按工商登记类型分布情况　　表 2

工商登记类型	国有企业	集体企业	股份合作	有限责任	股份有限	私营企业	其他类型
企业个数	890	42	64	7572	1115	9511	523

全国建设工程监理企业按专业工程类别分布情况　　表 3

资质类别	综合资质	房屋建筑工程	冶炼工程	矿山工程	化工石油工程	水利水电工程
企业个数	349	14542	25	84	183	125
资质类别	电力工程	农林工程	铁路工程	公路工程	港口与航道工程	航天航空工程
企业个数	666	9	60	60	14	10
资质类别	通信工程	市政公用工程	机电安装工程	事务所资质		
企业个数	92	3450	47	1		

注：本统计涉及专业资质工程类别的统计数据，均按主营业务划分。

北京地区公路明挖隧道工程冬期施工增加费分析

马文超

北京市高速公路监理有限公司

摘 要： 本文以北京地区公路明挖隧道工程的冬期施工为例，通过实际情况和统计资料计算分析发现，现行规定的冬期施工增加费费率明显偏低，导致预算定额中计列的冬期施工增加费不足；同时，笔者将冬期施工实际投入费用与招标文件中的冬期施工补偿费用进行了对比，发现两者亦偏差较大。针对这两种情况进行分析本文得出结论：以实际施工项目的定额人工费和定额施工机械使用费之和为基数，按现行规定的费率计算出的冬期施工增加费是不准确的，建议有关部门补充编制以实物为计算对象的冬期施工费用定额，或者调整取费基数并提高费率，从根本上解决问题。

关键词： 公路明挖隧道；冬期施工增加费；分析

引言

公路作业环境为室外露天，受外界环境条件影响大。在北方地区，冬季时间较长，受征地拆迁、变更设计、不可抗力、工期目标等因素影响，有时不可避免地需要在冬季寒冷低温时段施工。

在我国公路施工中，冬季的施工难度远大于其他季节，这也加大了冬期施工增加费的控制难度。依据《公路工程建设项目概算预算编制办法》JTG 3830—2018（以下简称《编制办法》）的规定，冬期施工增加费的计算方法，是根据各类工程的特点，规定各气温区的取费标准，以各类工程的定额人工费和定额施工机械使用费之和为基数，乘以冬期施工增加费费率，计算得出冬期施工增加费。在工程项目实践中，有的项目在招标文件中规定了冬期施工补偿项目的部位及补偿标准。本文以北京地区公路明挖隧道工程的冬期施工项目为例，分析采用冬期施工增加费费率计算得出的冬期施工增加费、招标文件中冬期施工补偿费以及实际发生的冬期施工增加费三者之间的关系。

一、工程实例

（一）工程概况

北京地区双向6车道明挖隧道，由200m闭合框架和105m U形槽组成，隧道全长305m。计划冬期施工的项目主要有：支护桩13根，混凝土118m³；冠梁100m，混凝土80m³；底板10仓，混凝土9826m³；侧墙7仓，混凝土2961m³；中墙5仓，混凝土1195m³；顶板3仓，混凝土2876m³。

（二）冬期施工措施

由于设计图纸说明中明确要求，对于冬期施工，严格按照《公路桥涵施工技术规范》JTG/T 3650—2020 相应条款执行，故本实例的冬期施工措施制定以此规范的相关规定为依据。具体措施有：

所有混凝土为商品混凝土，与混凝土厂家签订补充协议，在冬期施工时段的混凝土都采用冬期施工措施。混凝土在每日温度最高的时间段内进行浇筑。混凝土在浇筑前，清除模板和钢筋上的霜雪和污垢，钢筋模板施工完成具备浇筑条件后使用工程保温被覆盖，保证模板温度，混凝土入模前测量混凝土的温度及坍落度，均应符合设计标准。

底板混凝土为温度在 –5℃ 以上时采用蓄热法进行保温养护，混凝土施工完毕后覆盖 1 层棉被 +1 层塑料布进行保温，温度低于 –5℃ 时增加一层电热毯进行加热；侧墙混凝土为在侧壁使用钢管搭设简易暖棚，外覆 1 层塑料布 +1 层棉被进行保温养护，气温低于 –5℃ 时在暖棚内使用 2 台热风炮进行加热；中墙混凝土为浇筑完毕后自顶至底外覆 1 层塑料布 +1 层棉被进行保温，气温低于 –5℃ 时使用电热毯或热风炮进行加热；顶板混凝土为浇筑完成后使用棉被对洞门进行封闭，气温低于 –5℃ 时每洞口仓使用 3 台热风炮进行加热；顶板顶面为使用 1 层塑料布 +1 层棉被进行覆盖保温，气温低于 –5℃ 时使用电热毯进行加热。

二、冬期施工增加费计算

（一）采用冬期施工增加费费率计算冬期施工增加费

根据《编制办法》规定，冬期施工增加费的计算以定额人工费和定额施工机械使用费之和为基数，乘以冬期施工增加费费率得出。实例工程项目所属工程类别为构造物Ⅱ，由全国冬期施工气温区划分表可知北京全境属于冬二Ⅰ区，冬期施工增加费费率为 1.675%，由此计算出冬期施工增加费为 145307 元，如表 1 所示。

（二）按招标文件补偿标准计算冬期施工增加费

在实际工程项目实践中，若投标时的施工组织设计未安排冬期施工，在施工过程中由于非承包人的原因造成必须进行冬期施工，且得到了发包人的同意，则承包人在冬期施工增加的费用可以得到补偿。比如本工程实例，在招标文件中即规定了批准冬期施工的项目补偿标准：钢筋无补偿、U 形槽、闭合框架结构混凝土 90 元 /m³，包括外掺剂、保温、人工降效、机械降效、夜间施工、周转材料投入等一切相关费用，依据此标准计算出的冬期施工补偿费用为 1524380 元，如表 2 所示。

（三）按实际投入计算冬期施工增加费

依据已审批的冬期施工方案中的冬

按现行费率计算冬期施工增加费　　　　　表 1

分项编号	工程名称	工程量	定额人工费和定额施工机械使用费之和 / 元	冬期施工增加费费率 /%	冬期施工增加费 / 元
1000-3-g	φ800mm 泥浆护壁成孔 C30 混凝土灌注桩（支护桩、隔离保护桩）	234.00m	87403	1.675	1464
1000-3-h	围护结构钢筋	16.90t	9672	1.675	162
1000-3-i	围护结构钢筋笼	14.30t	8000	1.675	134
1000-3-m	C30 混凝土冠梁、挡土墙	80.00m³	11821	1.675	198
1000-5-e	地下结构工程—主体结构钢筋	3511.26t	3077910	1.675	51555
1000-5-l	地下结构工程—C40 补偿收缩混凝土	16858.00m³	5480239	1.675	91794
合计			8675045		145307

按招标文件补偿标准计算冬期施工增加费　　　　　表 2

子目号	子目名称	冬期施工工程量	冬期施工补偿单价 / 元	合价 / 元
1000-3-g	φ800mm 泥浆护壁成孔 C30 混凝土灌注桩（支护桩、隔离保护桩）	118m³	20	2360
1000-3-h	围护结构钢筋	16.9t	0	0
1000-3-i	围护结构钢筋笼	14.3t	0	0
1000-3-m	C30 混凝土冠梁、挡土墙	80m³	60	4800
1000-5-e	地下结构工程—主体结构钢筋	3511.264t	0	0
1000-5-l	地下结构工程—C40 补偿收缩混凝土	16858m³	90	1517220
合计				1524380

期施工措施，以及调查统计的实际发生的人工、材料、机械数据，冬期施工增加的费用主要包括三部分：工效降低和机械作业效率降低增加的支出；商品混凝土冬期施工增加的支出；采取防寒保温措施增加的人工、机械与材料的支出。

1. 工效降低和机械作业效率降低增加费

需要说明的是，针对公路工程的工效降低率和机械作业效率降低率，规范中并无明确的规定。根据现场实测资料统计，严寒时段，钢筋绑扎的人工降效率可达到 60%，机械也会由于人工降效而产生窝工导致作业效率降低。

通过文献搜索，只找到了两处可以参考的建设工程冬期施工降效率的资料。其一为新疆维吾尔自治区水利厅颁布的本地水利水电工程补充预算定额规定，其中混凝土拌和、运输和浇筑施工降效增加费单价按混凝土拌和、运输和浇筑单价人工、机械费用之和的 20% 计算；模板制作及安拆施工降效增加费单价按模板制作、安拆单价的 8% 计算。其二为《内蒙古自治区建设工程费用定额》（2009 年版），其中规定，人工、机械降效费用按冬期施工工程人工费、机械费之和的 15% 计取。

根据现场实测冬期施工人工、机械统计资料，参考上述数值，综合考虑选定 15% 作为人工、机械降效率。则人工、机械降效增加费为 1456676 元。计算时人工、机械工单价采用 2023 年 12 月北京公路造价信息网发布的人工价格中值，机械台班单价采用 2023 年 12 月北京公路造价信息网发布的相应价格。

虽然《编制办法》及现有资料都将机械降效定义为机械作业效率降低，但发生这一情况主要是因为人工降效导致的窝工，实际应为机械窝工率，计算时以机械台班中的不变费用为基数更为合理。窝工率仍采用降效率 15%，调整后的人工降效、机械窝工增加费为 1360186 元，如表 3 所示。

2. 商品混凝土冬期施工增加费与采取防寒保温措施增加费

北京地区工程建设用混凝土皆为商品混凝土，冬期施工混凝土配制、搅拌、运输增加费单价按照实际情况支付给商品混凝土厂家，据市场调查，此项费用单价为 15~20 元 /m³，此处按 15 元 /m³ 计列。

依据经审批的冬期施工方案，以及实际投入的人员、材料、机械种类、数量与冬期施工时长，采用 2023 年 12月的信息价、市场价计算得出实际投入增加的冬期施工费用为 1168076 元，如表 4 所示。

由此可以得出实际投入的冬期施工费为：1360186+1168076=2528262 元。

三、三种计算方式的对比分析

由表 5 可知，冬期施工实际投入费用比招标文件标准增加了 1.65 倍，差距非常大。

（一）《编制办法》对冬期施工费用的相关规定有不足之处

首先，根据《编制办法》规定，为了简化计算手续，采用全年平均摊销的方法，即不论是否在冬期施工，均按规定的取费标准计取冬期施工增加费。由于是按全年摊销计取冬期施工费用，冬期施工增加费费率偏低。在实际施工中，像北京地区冬期施工项目一般都采用部分施工，不会进行大规模全面冬期施工。而在费用计算时，对冬期施工增加费的取费是以整个项目的定额人工费和定额施工机械使用费之和为基数乘以相应费率，造成了只采用冬期施工所完成工作的费用为取费基数乘以费率计算出的冬

人工降效、机械窝工增加费　　　　　　　　　　　　　表 3

代号	规格名称	单位	单价 / 元	总数量	合价 / 元	机械台班不变费用 / 元	降效率 / 窝工率 /%	人工降效 / 机械窝工增加费用 / 元
1001001	人工	工日	125	60563.927	7570491		15	1135574
1051001	机械工	工日	125	4505.983	563248		15	84487
8001035	1.0m³ 以内履带式机械单斗挖掘机	台班	1252.68	0.936	1173	425.12	15	60
8007007	10t 以内载货汽车	台班	700.05	5.382	3768	187.31	15	151
8009027	12t 以内汽车式起重机	台班	893.9	9.287	8302	408.05	15	568
8009028	16t 以内汽车式起重机	台班	1070.79	5.382	5763	546.16	15	441
8009030	25t 以内汽车式起重机	台班	1404.59	1088.688	1529160	841.18	15	137367
8011029	JK8 型冲击钻机	台班	619.3	47.268	29273	216.86	15	1538
	合计							1360186

商品混凝土冬期施工增加费与采取防寒保温措施增加费　表4

工料机名称	数量	单价/元	合价/元	备注
冬期施工混凝土配制、搅拌、运输增加费用	18305.92m³	15	274589	
测温枪	2.4 个	63.9	153	按 10 次摊销
室外温度计	12 根	5	60	按 10 次摊销
阻燃棉被	3933m²	14.63	57540	按 5 次摊销
塑料布	19523m²	1	19523	按 1 次摊销
电热毯	2410m²	38.33	92375	按 5 次摊销
热风炮（30kW）	1.82 台	1680	3058	按 6 次摊销
发电机（功率 30kW 以内）	75 台班	465.66	34925	取全部台班费用
发电机（功率 30kW 以内）窝工费用	45 台班	63.66	2865	只取不变费用
发电机（功率 100kW 以内）	498 台班	1021.47	508692	取全部台班费用
发电机（功率 100kW 以内）窝工费用	324 台班	181.47	58796	只取不变费用
电工	27 工日	125	3375	
普工（混凝土养护覆盖保温、拆除）	897 工日	125	112125	
合计			1168076	

三种计算方式的冬期施工增加费对比　表5

分类	冬期施工增加费/元
按现行费率计算	145307
按招标文件补偿标准计算	1524380
按实际投入计算	2528262

期施工增加费偏低的情况，此种算法是不妥的，应按冬期施工中所完成工作的费用为取费基数较为合理。

其次，《编制办法》规定，冬期施工增加费以各类工程的定额人工费和定额施工机械使用费之和为基数，按工程所在地的气温区选用规定的费率计算。定额人工费、定额施工机械使用费均按《公路工程预算定额（上、下册）》JTG/T 3832—2018 附录四"定额人工、材料、设备单价表"及现行《公路工程机械台班费用定额》JTG/T 3833—2018 中的规定计算。在定额的适用时期，基价是定值，一直保持不变。故依据定额人工费与定额施工机械使用费为取费基础计算出的冬期施工增加费在某种程度上来说也是定值，与市场价格涨跌无关，由此计算出的冬期施工增加费与实际的费用会产生偏差。

（二）影响冬期施工增加费的因素众多

按实际投入计算的冬期施工增加费是按招标文件标准计算的 1.65 倍，同样以实际冬期施工项目作为计算范围，两者不应产生这么大的差距。经综合分析，除了由于招标文件的冬期施工标准中未列钢筋冬期施工费用外，冬期施工增加费还受混凝土养护时长、养护方法、养护期环境温度、养护的部位、结构形式等多种因素影响。由于影响因素众多，本文中采用的招标文件冬期施工增加费测算模型与实例工程的冬期施工情况或有差别，导致两种方法计算出的费用相差较大。

养护时长与水泥品种、气候条件及养护方法有关，根据技术、经济比较和热工计算确定。采用相同养护方法时，混凝土养护时间越长，冬期施工的投入越多，冬期施工增加费越高。除了上述影响因素外，所用的材料设施摊销次数、现场施工管理水平等也可影响冬期施工增加费。因为可以循环使用，部分材料设施应按摊销后数量计入，但具体摊销次数尚无明确规定，在计算时可采用约定或惯例。高水平的现场组织管理，可以使投入安排更加科学合理，减少各项浪费，以此降低冬期施工增加费。

参考资料

[1]《公路工程建设项目概算预算编制办法》JTG 3830—2018。

[2]《公路桥涵施工技术规范》JTG/T 3650—2020。

装配式混凝土建筑监理控制要点

张 立

河北电力工程监理有限公司

摘 要：根据《国务院办公厅关于转发发展改革委住房城乡建设部绿色建筑行动方案的通知》（国办发〔2013〕1号）推动建筑工业化的要求，预制和装配式建筑技术应用越来越广泛。本文从预制和装配式建筑的定义、施工及质量要求等方面进行阐述，希望对行业起到借鉴作用。

关键词：预制建筑；装配式建筑；技术应用；监理管理

随着我国经济的发展，预制和装配式建筑在工业厂房及民用建筑中的运用越来越多，而装配式混凝土建筑技术应用极大地缓解了碳排放和能源消耗、资源过度消耗、建筑垃圾的产生和消纳等环境问题。装配式混凝土建筑具有精准控制进度、有效缩短工期、减少现场作业、构件尺寸精确、建筑品质精良、减少施工垃圾、降低噪声影响等特点，在现代施工中推广应用越来越广泛，也给监理行业装配式建筑的管理提出了更高的要求。

一、装配式建筑的定义

装配式建筑是一个系统工程，由结构系统、外围护系统、设备与管线系统、内装系统四大系统组成，是将预制部品部件通过模数协调、模块组合、接口连接、节点构造和施工工法等集成装配而成的，可在工地高效装配并做到主体结构、建筑围护、机电装修一体化的建筑。

二、装配式建筑的监理过程控制

（一）部件生产和事前控制

1. 组织各专业监理人员对设计图纸中的混凝土次梁与主梁的连接节点、钢筋的连接形式、各构件的接缝构造、约束浆锚连接、预埋预留管件、防水防腐细节、生产运输和安装时的吊钩等进行专业交叉预审，在参加图纸会审时提出预审意见，请设计答疑。

2. 审查装配式建筑生产厂家的二次深化设计并与设计单位进行核对，通过建立的BIM模型，查找各构件部品节点构造中的碰撞、预留预埋、推演生产和安装过程中存在的问题，并结合施工环境、施工工艺、技术要求、生产制造水平等因素，事前进行设计的修正，提高设计方案的科学性及可行性。

3. 全过程参与驻厂监造，在原材料（钢筋、混凝土等）、定型模板生产安装、隐蔽验收（钢筋、埋管埋件留洞、止水等）、成型过程（监理旁站）、粗糙面处理、蒸汽养护等各个环节落实监理职责。

（二）施工过程控制

1. 施工方案的审查

针对施工方案中的机械选型与施工场地布置、构件堆场、施工运输道路、施工工序划分及关键工序施工组织、施工总进度计划和主要单位工程进度计划、工程质量和安全施工的技术组织措施（如钢筋定位措施、后浇段钢筋绑扎、安装标高调节及定位、支撑体系、设备管线安装、产品保护）、强制性条文应用、质量通病预防和防治措施等重点进行专业会审。

2. 监理对构件进场进行重点验收

实物的验收：对拟进场使用的工程

材料、构配件、设备的实物质量进行检查，对规定要进行现场见证取样检验的材料，进行见证取样送检，并对检（试）验报告进行审核，符合要求后批准进场。

质量证明文件的检查包括原材料检验、构配件型式检验报告、产品性能检验等。

3. 灌浆施工的监理控制

准备工作控制：专业监理工程师对施工单位的施工方案、人员资质、材料报审等资料进行审查；施工单位自查合格并满足灌浆施工后报监理组检查，现场监理对灌浆准备工作、坐浆缝强度、灌浆实施条件、安全措施等进行全面检查，同时报送经项目经理签章的灌浆令给监理组，由项目总监理工程师签章后方可进行灌浆施工。

拌制灌浆料和浆料检测：现场监理严格监督灌浆施工过程，灌浆应使用专用设备，并严格按设计规定配比进行配料，依据规范《钢筋连接用套筒灌浆料》JG/T 408—2019检查灌浆料流动度。保证灌浆料初始流动度不小于300mm、30min流动度不小于260mm，同时监督灌浆料拌和物在制备后30min内用完。

灌浆检查：专业监理工程师根据规范及文件要求审核施工方案，如灌浆方法的选择（逐层灌浆、隔层灌浆）。经审核通过后，应严格监督现场操作按方案和规范执行。

灌浆施工时，严格要求施工单位按相关文件要求做好灌浆工作，钢筋套筒灌浆施工应全过程视频拍摄监督，该视频作为施工单位的工程施工资料留存。专监同步做好对施工视频的监督和检查。

4. 构造防水及防水施工

对进场的外墙板应注意保护其空腔侧壁、立槽、滴水槽以及水平缝的防水台等部位，以免损坏而影响使用功能。

密封防水部位的基层应牢固，表面应平整、密实，不得有蜂窝、麻面、起皮和起砂现象，嵌缝密封材料的基层应干净、干燥。应事先对嵌缝材料的性能、质量和配合比进行检验，嵌缝材料必须与板材牢固粘接，不应有漏嵌和虚粘的现象。

抽查竖缝与水平缝的勾缝，不得将嵌缝材料挤进空腔内。外墙十字缝接头处的塑料条须接到下层外墙板的排水坡上。外墙接缝应进行防水性能抽查，并做好相关记录。发现有渗漏，须对渗漏部位及时进行修补，确保防水作用。

监理在构件安装须管控重要节点部位放线、坐浆、构件安装、部品支撑、垂直度、就位调整、钢筋连接、注浆方式，通过全过程的巡视、见证、平行检验、旁站等监理手段，保证每个工序符合设计和规范要求。

5. 质量通病的预防和治理

（1）预制构件达不到强度就安装，造成部分构件运输、吊装损坏。

监理防治控制措施：进场前，通过回弹仪、试块强度对混凝土强度进行监理检查和资料检查。

（2）预制构件轴线偏位、相邻高差大、墙板与现浇结构位置不在一个平面等。

监理防治控制措施：

①装配式结构施工前，通过组织施工单位进行样本引路，试安装后验证施工方案。

②安装施工前组织验收现浇结构部分的质量、测量放线精度。

③对预制构件安装位置、安装标高、垂直度、累计垂直度、对应安装位置、相邻预制构件平整度、高差、拼缝尺寸进行验收。

（3）叠合板及钢筋锚固入梁、墙尺寸不符合要求，造成连接处开裂。

监理防治控制措施：

①进场检查对叠合楼板的长度进行验收，避免板端与结构支座搁置长度小于15mm。

②旁站吊装中重点检查预制板内的纵向受力钢筋是否从板端伸出并锚入支座或现浇混凝土层中。

③对模板支撑、起拱以及拆模进行严格控制，以防叠合楼板安装后楼板产生裂缝。

（4）安装顺序错误，预制构件安放困难等，操作时乱撬硬安，导致钢筋偏位，构件安装精度差。

监理防治控制措施：

①审查二次深化施工图是否符合现场结构模数，监督施工单位对接点可用BIM技术模拟推演。

②参加施工单位的技术交底，严格监督按照BIM技术模拟推演组织安装。

6. 监理质量验收标准

在装配式结构施工完成后，由监理单位组织各参建单位对装配式建筑子分部工程的质量和现场的装配率是否达到设计要求进行验收，装配式建筑的监理质量验收标准见表1、表2。

7. 监理项目部对装配式建筑质保资料的验收检查内容

（1）专项施工方案及监理细则的审批手续、专家论证意见。

（2）施工所用各种材料、连接件及预制混凝土构件的产品合格证书（预制构件质保书需包括吊点的隐蔽工程验收记录、混凝土强度等相关内容）、性能测试报告、进场验收记录和复试报告。

预制构件安装的偏差控制 表 1

项目		允许偏差 /mm	试验方法
构件中心线对轴线位置	基础	15	尺量检查
	竖向构件（柱、墙、桁架）	10	
	水平构件（梁、板）	5	
构件标高	梁、柱、墙、底板面或顶面	±5	水准仪或尺量检查
构件垂直度	柱、墙 < 5m	5	经纬仪或全站仪测量
	≥ 5m 且 < 10m	10	
	≥ 10m	20	
构件倾斜度	梁、桁架	5	垂线、钢尺测量
相邻构件平整度	板端面	5	钢尺、塞尺测量
	梁、板底面 抹灰	5	
	不抹灰	3	
	柱、墙侧面 外露	5	
	不外露	10	
构件搁置长度	梁、板	±10	尺量检查
支座、支垫中心位置	板、梁、柱、墙、桁架	10	尺量检查
墙板接缝	宽度	±5	尺量检查
	中心线位置		

预制构件预留预埋的偏差控制 表 2

项目		允许偏差 /mm	检验方法
连接钢筋	中心线位置	5	尺量检查
	长度	±10	
灌浆套筒连接钢筋	中心线位置	2	宜用专用定模具进行整体检查
	长度	3,0	尺量检查
安装用预埋件	中心线位置	3	尺量检查
	水平偏差	3,0	尺量和塞尺检查
斜支撑预埋件	中心线位置	±10	尺量检查
普通预埋件	中心线位置	5	尺量检查
	水平偏差	3,0	尺量和塞尺检查

（3）监理旁站记录，隐蔽验收记录及影像资料。

（4）预制构件安装施工验收记录；钢筋套筒灌浆、浆锚连接施工检验记录；外墙防水施工质量检验记录。

（5）连接构造节点的隐蔽工程检查验收文件。

（6）后浇节点的混凝土或灌浆料浆体强度检测报告。

（7）分项、分部工程验收记录。

（8）装配式结构实体检验记录。

（9）工程重大质量问题的处理方案和验收记录。

（10）使用功能性检测报告：外墙保温、防水等检测报告。

（11）其他质量保证资料。

三、成品保护

1. 在运输和吊装过程中，做好护角等薄弱部位的保护，安装时不得"生砸硬撬"，对构件造成破坏。

2. 在装配式混凝土建筑施工全过程中，应采取防止预制构件、部品及预制构件上的建筑附件、预埋件、预埋吊件等损伤或污染的保护措施。

3. 预制构件饰面砖、石材、涂刷表面、门窗等处宜采用贴膜保护。

4. 连接止水条、高低口、墙体转角等薄弱部位，应采用定型保护垫块或专用式套件作加强保护。

5. 当进行混凝土地面施工时，应防止物料污染、损坏预制构件和部品表面。

参考资料

[1]《装配式混凝土建筑技术标准》GB/T 51231—2016。

[2]《装配式混凝土结构技术规程》JGJ 1—2014。

浅析三塔斜拉桥关键工序监理总结

张祥昆

成都衡泰工程管理有限责任公司

摘　要： 随着国内桥梁建设的发展，满足通航要求的大跨度桥梁和满足城市景观要求的造型独特的桥梁应运而生。这种桥梁往往存在技术复杂、施工难度大、工期要求紧等特点，桥梁工程质量监理工作作为桥梁项目中最为重要的环节，影响着公路桥梁的施工质量。笔者通过项目实践，基本熟悉和掌握了此类型桥梁的技术特点和管理重难点，也总结出了一些宝贵的经验，在文中分享一些粗浅的看法，希望能为后续桥梁建设的监理人员提供参考。

关键词： 三塔斜拉桥；下塔座空间异形结构；竖向预应力安装控制；多跨连续现浇箱梁预应力安装控制；混凝土崩裂处理

一、工程建设概况

岷江大桥建设（拆除重建）工程位于眉山市彭山区，是连接彭山城区主干道长寿路，通向风景区彭祖山和黄龙溪及周边城市和区县的主要通道，本项目路线起于迎宾大道与 S103 交叉口，止于岷江东岸规划环湖路交叉口，为彭山区原岷江大桥旧址重建。拟重建的彭山区岷江大桥全长 509m，主桥范围桥梁总宽 32.5m，引桥范围桥梁总宽 30.5m。采用双向 6 车道设计，是全国首座采用竖转施工的双拱塔双索面三塔斜拉桥。桥塔采用钢塔，造型优美，与周边环境交相辉映，建成后将成为彭山区的地标建筑。大桥于 2020 年 5 月开工建设，于 2022 年 11 月 5 日开放试通车。

二、设计亮点及施工重难点

（一）设计亮点

本桥梁是全国首座采用竖转施工的双拱塔双索面三塔斜拉桥，成桥后呈现"盛世花开"的整体效果。钢拱塔安装采用同步竖转，单拱圈转体质量达 540t，总质量约 1060t。转体总高度 50m，上下转轴直径 20cm，技术复杂、难度大、安全要求高。转体采用 8 台 350t 连续千斤顶作为竖转动力，并搭设高 60m 的临时竖转塔架作为辅助设备，完成了精准合龙，拱圈轴线整体偏位值控制在 ±2mm 以内，精度极高。

（二）施工重难点

本项目是一座景观桥，为了达到美观效果，主梁采用了梁高为 2.5m 的薄壁现浇箱梁，并设置了大量的纵横向预应力体系，技术复杂，施工难度大。预应力体系有三类。

1. 主梁纵向预应力体系

主梁按全预应力进行设计。纵向预应力共设顶板束、底板束、腹板束三种，均采用 $\phi^s15.2$ 钢绞线，腹板与顶板悬臂束于施工缝处，并设置钢束连接器。

2. 主梁横向预应力体系

主梁在横梁、隔板范围外顶板均布置横向预应力。主梁在 P1~P7 横梁处需设置横向预应力。主梁在斜拉索对应横隔板处需设置横向预应力。

3. 墩柱预应力体系

桥墩 P1、P2、P6、P7 采用横向布置的 V 形桥墩，墩高为 8.0~12.5m，墩顶设横系梁，并布置 6 束 $21\phi^s15.2$ 预应力钢束；桥墩及系梁均采用 C40 混凝土。

P3、P5桥墩采用纵向布置的V形桥墩,墩高为15.5m,墩顶设纵系梁,并布置13束11ϕ^s15.2预应力钢束;桥墩及系梁均采用C40混凝土。

三、主要工序施工难度及监理对策

(一)主墩施工难度及监理对策

1. P4下塔座设计特点:采用C50混凝土,为空间异形结构,沿P4承台纵向中心线及横向中心线对称;塔座为空心空间箱型结构,高18.663m(至承台顶面),长×宽为39.521m×10.057m(水平投影),主要箱壁厚1.2m;两塔座间有横梁进行衔接过渡,主要横梁壁厚为0.5m、0.6m两种。塔座与钢塔连接处采用钢混结合形式连接,钢混结合共设置22束预应力钢束,四处塔肢连接处共设置88束竖向预应力钢束,将50m高的钢拱塔与钢筋混凝土塔座进行可靠连接。

2. 竖向预应力波纹管定位是本项目施工的重点和难点:设计采用X、Y、Z空间坐标的形式在波纹管弯曲位置处给出了准确坐标,但施工工况与设计工况不是一一对应的,部分施工节段的标高与现有图纸给定坐标的标高不在同一位置。如N2-3序列钢索在空间上三个方向都有偏距,只能采用坐标定位的方式进行放线定位,施工期间的问题是在标高上每隔1.5m节段位置没有现成的设计坐标,这就造成了现场施工和检查缺乏准确的数据,从而出现波纹管偏位的质量隐患。

3. 监理对策:针对这种异形空间结构的波纹管定位,第一种方式是在施工前要求施工单位根据施工节段划分计算出准确的每一节段全部波纹管的空间坐标,或者通过建立BIM模型的方式获取不同竖向标高位置的定位坐标,经监理单位复核后方可用于施工和验收。第二种方式也可以利用已安装好的劲性骨架把波纹管的上一个设计给定的坐标点位进行定位固定,通过已有的设计坐标固定好波纹管,并在每节段混凝土浇筑时做好波纹管的保护措施。此两种方式都能达到质量控制目标,切忌过于信任施工单位从而放松了对波纹管定位的复核。

(二)主梁纵横向预应力波纹管安装控制是本项目控制难点

1. 箱梁在横梁、横隔板、腹板和顶板、底板、翼缘板上设置了数量众多的预应力钢索,且部分纵横向波纹管安装时局部位置有冲突,造成该位置波纹管局部偏位,在后续张拉时会增加管道摩阻力从而影响预应力的受力。特殊情况会出现在预应力张拉时造成混凝土崩裂,出现质量隐患。

2. 本项目P7-A8节段箱梁施工时,由于其中底板索B3-5波纹管在混凝土浇筑期间出现了上浮偏位,使得原设计在该部位的平直段出现了竖弯(经测量向上弯曲5cm左右),在张拉该束预应力时底板混凝土出现层间崩裂。经分析,主要原因是预应力张拉时在竖弯处产生了向下的分力,且该部位波纹管以下的混凝土厚度不到15cm,不足以抵抗新增的预应力致使混凝土被压碎,再加上相邻钢索张拉后未及时压浆,施加张拉力时会在薄弱部位出现应力集中现象,此两种情况叠加后出现混凝土崩裂。后经设计单位和桥梁专家共同会诊后出具修复方案,实施方式主要是剔除松散混凝土,替换已出现屈服变形的钢筋,恢复变位的波纹管并对加密波纹管定位钢筋进行固定,最后采用超高性能混凝土(120MPa)浇筑,最终按方案整改合格。

3. 经验教训和监理对策:必须高度重视预应力波纹管的定位和防崩钢筋的安装,严格按照设计图纸的平弯大样和竖弯大样进行测量检查,并加固好防崩定位钢筋。所有槽口和齿块的锚垫板位置,严格按设计要求检查锚后螺旋筋和网片加强筋,在浇筑混凝土旁站期间督促施工人员将该部位的混凝土振捣密实,防止张拉时出现锚头损坏从而影响质量。严格按照设计要求的张拉顺序分批对称张拉,并在24h内及时压浆,水泥浆强度达到设计值后方可张拉相邻预应力钢绞线。

(三)钢拱塔同步竖转工艺及监理对策

1. 同步竖转工艺概述

钢结构V形钢拱塔在横桥向为两个椭圆形拱,在纵桥向两个椭圆形拱分别向两侧倾斜22°角呈V形,主塔钢结构质量约1200t,采用地面拼装、两侧钢拱塔对拉的方式进行竖转施工。两边同步对称拉起,最后合龙到位。转角设置在钢结构主塔根部,为防止钢结构主塔在转体过程中向外扩张,钢结构主塔根部采用刚性连接。在主塔承台中间设置1副60m高,3.5m×3.5m塔架作为转体竖转门架。塔架顶部对称布置8台350t转体竖转油缸;顺桥向设置4组缆风绳,每组缆风绳设置1台100t缆风油缸,进行门架的固定。

该竖转工艺的关键是通过一台计算机主机,控制两台液压泵站,对8个竖转油缸进行同步转体控制,并设置了多个位移传感器采集实时数据,现场配备两个专职测量点位进行钢拱塔位置的监测，最终达到了精确控制转体角度，顺利完成转体施工的目标。

2.监理对策

由于钢拱塔是变截面异形钢箱拱，索导管锚固点构造复杂，临时转动绞设置在拱塔内部，这就要求钢箱拱加工和拼装需要极高的精度；另双拱塔单个拱质量达到540t，要按设计要求转体到68°并固定，对竖转的精确控制和同步控制要求极高，为了确保该关键项目顺利施工，监理采取了以下措施：

（1）必须选择有实力有同类钢拱制造经验的加工制作厂家。本项目经业主和监理实地考察和综合对比，选定了国内行业领先的中铁宝桥集团有限公司承担加工制作任务，最终从加工、运输到拼装都达到了设计和规范要求，为主塔斜拉桥的成型奠定了坚实的基础。

（2）同步竖转也是极为重要的环节，监理部积极参与专项施工方案的专家评审并对方案分阶段进行审查，组织施工单位认真进行双交底和审查竖转施工作业指导书。竖转设备的安装和操作均邀请了有同类竖转经验的专业人员进行现场指导；在转体过程中，监理人员也进行了全程旁站和检查验收，经过三天不间断转体施工，顺利完成了竖转到位的任务。

通过工程实践发现，监理人员的技术水平和业务素质仍有待提高，经验不足会对监理履职带来一定的影响。在今后的工作岗位上，监理人员尚需不断努力，充分认识到监理工作的高度责任性，对工程质量决不能有半点马虎之意，持续学习，提高业务水平，加大监理管控力度。本文分析总结了三塔斜拉桥关键工序的监理要点，希望对同类型桥梁建设监理工作有所帮助。

工程监理在地铁工程施工质量管控中的重要性探讨

仇勇先

上海建科工程咨询有限公司

摘　要： 对于地铁工程施工来说，工程质量监理的作用非常明显，特别是在目前地铁建设工程规模越来越大的情况下，发挥工程监理作用，控制好施工质量，才能让地铁工程顺利进行。本文分析了工程监理在地铁工程施工中的价值，研究了当前质量管控现状，最后提出相应对策，为相关研究人员提供参考。

关键词： 工程监理；地铁工程；施工质量管控

引言

地铁工程监理工作，其目的就是管控整个地铁工程的施工质量，发现施工问题，并有针对性地解决。因为地铁工程在施工上存在着复杂性、隐蔽性的施工特点，需要监理人员把控好整个施工流程，加强对施工过程的监督并与施工人员配合，解决好地铁施工中的质量安全问题，运用先进技术来控制地铁工程施工质量。

一、工程监理在地铁工程施工中的价值

对于地铁工程来说，开展全面工程监理工作，其作用在于确保地铁工程质量，节约施工中资源，延长地铁工程的使用寿命[1]。比如，在厦门地铁6号线漳州（角美）延伸段工程上，工程全长

9.8km，1标段工作内容为两站三区间及一个车辆出入段线区间，即文圃路站—角海路站区间、角海路站、角海路站—社头站区间、社头站、社头站—林埭西站区间、角海路站—社头车辆段（出入段线）区间，线路长度5.13km，造价11.53亿元。为此，工程监理人员要对该标段施工质量进行全面把控，利用全过程监理方法来提高地铁工程施工质量。所以，从根本上来讲，只有在工程监理技术的支持下，才能让地铁施工效益达到最大化[2]。

对于地铁工程施工来说，因为工程规模大，施工内容复杂，如果监理人员没有严格把控好施工中的关键要点，就很容易出现质量安全问题，严重的时候会导致地铁工程出现渗漏、沉降等安全隐患[3]。因此，地铁施工中的工程监理工作非常关键，需要工程监理部门发挥积极作用。

二、工程监理在地铁工程施工质量管控中的现状

（一）监理规划不全面、监理细则不详细

监理规划就是为地铁工程施工能顺利进行所提供的指导性文件，通过编制科学合理的监理规划，为工程监理人员工作的开展提供指导，是开展监理工作的基础。但是，一些监理部门在实际监理上考虑不周全，所编制的监理规划内容不全面、监理细则针对性不足，并没有细化出监理质量管控重难点[4]。还有一些监理人员盲目协调和管理施工现场，没有迎合当前时代发展来运用先进的质量管理方法，导致不能实现对地铁工程的质量管控，影响工程监理效果。

（二）工程师数量不足

地铁工程的施工工程量大，一些监理部门在分配人员上存在不足。监理工

程师人员较少，高素质的监理工程师更少，监理项目组无法充分把控整个施工流程内容，难以做到全流程质量管控，导致施工现场出现安全隐患，实际监理效果不理想，未能保证施工质量。

（三）人员配置不合理

从一些地铁工程监理部门的人员配置上能看出，有一些监理人员的专业素质不足、责任心不强，还有一些监理人员的合作意识较差等[5]。这样就导致在具体工程监理上往往无法取得理想的质量监理效果，影响地铁工程施工质量。此外，施工单位在招标过程中，会考虑自身的经济效益，对应选择材料承包商。比如，在采购方案中，没有严格按照标准来采购，导致购入不合格产品；此时，如果监理部门的管控体系不完善，在材料进场检查验收环节不够严谨，不合格的产品就会进入现场，严重影响施工质量。

三、工程监理在地铁工程施工质量管控中的对策

（一）强化材料监督，保证材料质量

在厦门地铁 6 号线漳州（角美）延伸段工程土建施工总承包 1 标段施工质量控制上，工程监理人员对材料严格管控，确保地铁工程的质量。工程监理人员加强监督施工材料，能够降低施工材料对工程质量的影响[6]。在标段施工中，采购材料需要选择资质好、信誉高的供应商，并且工程监理人员要实时监控整个采购材料过程，保证材料质量。同时，在施工材料进入现场时，工程监理人员也应按照预定的程序抽样检查，禁止不合格的材料进场。

（二）提升人员素质，优化队伍配置

只有积极提高监理人的专业素质，拓展培养专业人才队伍，才能控制好工程施工的各个流程，发挥监理在施工质量管控上的作用。还应对现有的工程监理人员进行培训，丰富人员的监理知识，以此来提高监理工作质量，确保整体监理工作水平。通过组织和自愿参与的方式，构建质量管理监督小组。根据施工情况，从地铁工程实际入手，成立提高地铁工程质量和规范施工工序的 QC 监督小组，利用这样的方式真正解决在实际地铁工程施工中所存在的各类问题，充分发挥监理的作用，有效提高施工质量，按时向地铁业主交付合格工程。

（三）创新工艺改进，精进施工方法

施工单位迎合时代发展要求引进了新技术、新材料，工程监理人员对此应充分了解。在工作中，加强与施工人员的沟通，让施工人员和工程监理人员都能掌握施工技术、明确施工要点，将新技术、新材料合理地应用于施工中，从而达到提高角美施工质量的目的。比如，在地坑加固阶段，运用三轴搅拌桩不仅要在施工中保证桩的垂直度、搭接长度和桩径都符合要求，同时还要严格控制水泥浆液的水灰比；工程监理人员要能利用三轴搅拌桩施工参数监测装置对搅拌机钻进下沉与提升速度、注浆量、成

桩深度与桩机立柱的垂直度进行有效控制。在区间隧道施工中，盾构平面控制网测设，不仅要设立测量小组（测量人员经过专业培训并持证上岗），还应对测量基准点做严格保护，避免撞击、毁坏，在施工期间定期复核。所有测量观察点的埋设应可靠牢固，严格按照标准执行，以免影响测量结果精度，从而保证施工质量达到要求。

结语

在整个地铁工程施工阶段，质量是核心，需要工程监理单位及相关监理工程师高度重视。严格按照我国的法律要求和地铁工程施工标准，对应建立监理质量管理体系，并能强化落实与执行；高度重视审查地铁工程在施工中的技术、材料和人员情况，做到提前预判、提前解决，只有不断提高工程监理工作水平，才能让地铁工程在后续建设阶段顺利进行。

参考文献

[1] 门扬 . 推动地铁工程监理行业高质量发展 [N]. 北京日报，2021-09-28.

[2] 茅远征 . 地铁工程监理管理现状及对策探讨 [J]. 工程技术研究，2021，6（4）：191-192.

[3] 仲勇吉 . 浅谈工程监理在地铁工程施工质量管控中的作用 [J]. 建设监理，2020（6）：33-35.

[4] 李效东，徐保华 . 浅谈地铁车辆段设备安装工程监理 [J]. 建设监理，2017（8）：20-23.

[5] 李永聪 . 地铁车站工程监理控制要点分析 [J]. 建材与装饰，2017（27）：246-247.

[6] 王忠诚 . 基于 BIM 技术对地铁车站机电安装与装修工程监理工作的探讨 [J]. 中小企业管理与科技（上旬刊），2017（7）：175-178.

大型现浇混凝土综合管廊施工质量控制重难点浅析

曲慧磊　王韩逊　张　红　冉子寒

上海同济工程咨询有限公司

摘　要：综合管廊是现代化城市的重要组成部分，其可以同时容纳多种城市管线，有利于集中建设、管理和维护。本文以某国家级新区新建大型现浇混凝土综合管廊为例，对工程中质量控制的重难点进行分析探究，提出了在综合管廊施工质量控制中需要关注的关键问题和应采取的措施，以确保工程质量和安全。本文的分析和建议对综合管廊施工质量控制具有实际意义。

关键词：现浇混凝土；综合管廊；质量控制；防水；深基坑

引言

随着城市化进程的加速推进，综合管廊作为现代城市基础设施的重要组成部分，为城市的可持续发展和高效运行提供了关键的支持[1]。近年来，随着国家城市化快速推进，为充分利用城市地下空间，减少城市"拉链病"，综合管廊逐步在我国得到大面积应用[2]。1985年我国第一条城市综合管廊在天安门广场铺设完成，1994年上海浦东新区修建张杨路综合管廊[3]。随后，综合管廊在我国相继推广开来，综合管廊可以充分有效地利用城市道路下的空间资源，为城市发展预留宝贵空间。综合管廊的投资较大，涉及的部门较多，因此良好的工程质量、科学的管线布置可以大大减少后期维护费用，同时保证城市道路等基础设施的使用寿命。

本文以某国家级新区新建大型现浇混凝土综合管廊为例，对其建设过程中的质量控制重难点进行分析，并提出相应的措施。

一、工程概况

本综合管廊为干线管廊，位于道路一侧，总长约3km。根据不同功能，综合管廊采用三层箱型结构，由下向上分别为：主管廊层、设备夹层、物流层。主管廊层入廊管线包括：给水、再生水、热力、电力、燃气，舱室布置由左向右依次为燃气舱、综合舱、热力舱、电力舱；设备夹层设置管线及设备吊装、综合管廊人员逃生、分支线、通风机房、分变电所、配电间等功能空间，并预留其他市政空间；物流层满足双向2车道物流车行车空间。

二、综合管廊的质量控制重难点

（一）图纸会审重难点

施工图纸是管廊施工的依据，图纸的质量也会直接影响综合管廊的施工质量。因此图纸会审是管廊施工质量控制的源头，有效的图纸会审可以提前发现设计中的差错，准确理解设计意图，减少施工过程中的变更和拆改。

本项目综合管廊断面尺寸和长度距离大、入廊管线种类多、机电设备复杂，必须在施工前做好图纸会审工作，提前发现图纸内的错误和问题。综合管廊图纸会审的内容主要分为土建结构和机电安装两大方面。

（二）深基坑及支护结构质量控制重难点

管廊施工基坑采用了桩撑支护体系，深度大，围护桩还作为管廊结构的外模板。同时根据地质报告，地基基础还有地震液化的风险，需要将变形缝处地基用旋喷桩进行加固。因此深基坑及支护结构施工都会影响管廊主体结构的质量。

（三）TPO 防水卷材反贴质量控制重难点

本工程管廊防水等级应为二级。结构顶板采用喷涂速凝橡胶沥青防水涂料，通过目视及测厚仪可控制施工质量。结构底板和侧墙采用预铺式 TPO 高分子卷材。TPO 高分子卷材施工质量的好坏直接影响管廊的防水质量。

（四）侧墙混凝土施工质量控制重难点

本工程单层管廊侧墙高度最大3.4m。管廊内壁要安装各类工艺管线设备，侧墙内壁平整度直接影响后续管廊内管道设备的安装施工，而管廊主体结构浇筑完成后不再进行抹灰找平，因此侧墙混凝土尺寸及平整度是质量控制的重难点。

（五）管廊内管线设备安装及预留预埋施工质量控制重难点

管廊内管线设备众多、布置位置错综复杂，容易发生矛盾碰撞和相互干涉影响，临时的切改拆装容易浪费投资并造成质量隐患。

此外，夏季地下管廊内温度大幅低于室外，管廊通风会将外部湿热空气导入廊内，在廊内形成大量冷凝水，极易损坏机电设备。

有必要对管线设备的安装进行预控，采取措施防范冷凝水对机电设备的不利影响。

（六）基坑土方回填施工质量控制重难点

本工程管廊位于道路下方，管廊顶覆土较厚，覆土最深处超过 16m。管廊基坑土方回填质量将直接影响管廊上方道路施工质量。土方回填施工受自然环境影响较大，雨期施工常面临回填土含水率过大的问题。

三、综合管廊的质量控制措施

（一）图纸会审控制措施

应根据综合管廊特点建立图纸会审重点清单，逐项审查销项。清单包括但不限于以下内容：

土建结构图纸：地基处理措施与地质条件是否相符，特别是地勘报告中关于地震影响的论述，应有应对处理措施；管廊分支口及通风口等各类露出地表的结构，标高与设计地坪标高及周边道路标高是否协调，平面位置与道路、管道、井口是否有冲突，要考虑地表排水、美观效果及保护间距的影响；管廊内各处坡度低点具备排水设施，包括总体低点和局部低点处的排水，避免形成积水；根据安全规范要求，燃气舱要保证独立密闭，要审核燃气舱的独立密封性，包括各变形缝处的独立密封处理，以及燃气舱附属排水、通风等辅助结构的独立性，防止燃气舱与其他舱室通过共用集水井、通风口等设施进行连通；对于各舱室及设备间要审核操作人员可达性，确保运营试用期各类运维、保养、维修操作的可行性，给工作人员留下合理通行和操作的空间。

机电安装图纸：管廊所需的监控、消防、通信等各类系统功能的完整性和布置的间距；各类管线和机电设备的安装点与预留预埋件的交叉对比，确保预留预埋件齐全、位置正确；各机电设备位置关系没有碰撞冲突。

此外，管廊建设规模巨大，各专业复杂，依靠人工从纷繁复杂的多种专业中找出图纸问题十分困难。有必要充分利用 BIM 技术，在 BIM 模型中分析，快速查找定位相关问题，提高图纸会审的效率。

（二）深基坑及支护结构质量控制措施

在深基坑施工过程中应严格检查桩心坐标点，做好护桩工作，避免干扰桩心点，测量工程师对桩位进行复测合格后方可成孔作业，复测结果应形成记录文件。成孔过程中，工程师应不定时检查桩机的垂直度和泥浆密度，保证桩身垂直度、减少坍孔，避免桩体侵入管廊主体限界。

旋喷桩施工应准确测量桩位，按设计要求施打旋喷桩。施工过程中，应全程旁站施工过程。严格控制喷管插入深度、水泥浆密度及注浆压力，确保施工质量。

在深基坑开挖过程中，坚持随挖随撑，先支后挖，杜绝超挖。钢支撑施加轴力时，要全程旁站并记录数据，确保支撑轴力符合设计要求。

（三）TPO 防水卷材反贴质量控制措施

对于 TPO 防水卷材施工，应重点在基面、卷材铺设、接缝焊接等方面进行管控。其中接缝焊接是卷材施工的薄弱部位，需要采取特别措施进行控制。

TPO 防水卷材采用热熔焊接，手动焊接时，焊枪温度要控制在 250~450℃之间，焊接速度为 0.2~0.5m/min，焊接时用手动压辊压实，随焊随压。对焊接操作要求较高。焊接质量容易受到温度、环境、操作工艺的影响。一处焊缝失效可造成整个防水层的失效。由此，对焊缝的验收应采用100%检查，避免虚焊、漏焊。

（四）侧墙混凝土施工质量控制措施

管廊外侧紧贴围护桩，侧墙只在管廊内侧单侧支模，缺少对拉杆的固定，容易造成墙体混凝土模板跑模、胀模。首先要从源头加强侧墙模板及支撑体系方案的审核，确保模板强度、刚度及支撑体系稳定。施工单位最终采用了铝模板、双方管背棱及斜撑支撑的体系，斜撑底部固定在管廊底部。侧墙混凝土采用斜坡分层、逐渐推进的方式浇筑。浇筑分层厚度不大于500mm，上层混凝土在下层混凝土初凝前浇筑，同时控制浇筑速度，避免混凝土浇筑高度增长过快。

（五）管廊内管线设备安装及预留预埋施工质量控制措施

管线设备施工前要按要求完成管线设备施工的深化设计，对于复杂节点，要明确施工方案。施工时要严格按照设计图纸及方案确定的位置、次序施工。

同时，对管廊内安装的所有设备管线包括防雷接地等都应有防潮防腐措施。对于不做涂层防腐的铁件、铁管，应选用热镀锌处理或不锈钢防腐的材料。各机电设备应做好密封，设备内可放置干燥剂、除湿袋等进行保护。在机房等机电设备集中区域，还应设置除湿机，避免水汽对各类设备造成腐蚀损坏。

（六）基坑土方回填施工质量控制措施

回填前，应对主体结构、防水层、保护层等进行检查验收，并办理隐蔽工程验收手续。待主体混凝土和防水保护层混凝土强度达到规定的要求，方可进行回填土施工。回填压实全程进行旁站监督，回填前在围护结构上每50m刻画分层线，严格控制虚铺厚度、压实遍数，对每层回填土进行压实度检测。

管廊顶板上部1000mm范围内回填材料应采用人工分层夯实，大型碾压机不得直接在管廊顶板上部施工。对填土按设计图纸要求分层控制压实度，防水层以上500mm内回填土压实度为93%，500mm以上至地面压实度为95%。管廊回填受围护结构影响，边角部位辅以小型压路机压实，局部采用人工夯实，人工夯实虚铺厚度控制在200mm以内。

回填土时应采取措施，以免结构受到不对称荷载的损害，分段施工时，分段处需要做台阶处理，每级台阶宽度不得小于1m，台阶顶面应向内倾斜。

基坑的回填应连续进行，尽快完成，且需要有一定坡度利于排水。施工中应防止地面水流入基坑内，以免基坑遭到破坏。回填支撑应按设计工况随回填自下至上分层拆除，严禁私自随意拆除上部支撑。

结语

本文对综合管廊施工质量控制中的重难点进行了探讨，并提出了相应的控制措施。分析和解决这些重要的质量控制难题，旨在为综合管廊施工质量控制提供宝贵的经验和指导，以确保对工程的质量、安全和进度的有效控制。监理要提高综合管廊施工质量控制的水平，为未来的城市发展提供更加坚实可靠的基础。

参考文献

[1] 姜晶 . 市政综合管廊工程监理探究 [J]. 住宅与房地产，2019（24）：139.

[2] 冯杨 . 现浇综合管廊主体结构施工质量评价研究 [D]. 西安：西安建筑科技大学，2019.

[3] 李晓慧 . 明挖施工城市综合管廊工程质量管理标准化评价方法研究 [D]. 郑州：郑州大学，2020.

浅谈湿法镍冶炼防腐施工技术及管理重难点

刘 旭 万先松

重庆赛迪工程咨询有限公司

摘 要： 本文以湿法镍冶炼防腐施工技术及管理重难点为主题，对问题进行分析，并提出相应的解决方案。通过对现有文献的研究和资料的整理，结合相关实际案例，以期为湿法镍冶炼的防腐施工提供指导和参考。

关键词： 湿法镍冶炼；防腐施工技术；管理重难点；解决方案

引言

工业防腐是保障设备和工程结构长期稳定运行的重要环节。防腐施工技术的科普和行业发展沿革是了解湿法镍冶炼防腐施工技术和管理重难点的基础。本文将分三个部分，分别对工业防腐技术的科普和湿法镍冶炼防腐施工技术、管理重难点等进行探讨。

一、工业防腐技术的科普

工业防腐技术是指在工程建设和设备制造过程中，通过采取不同的材料和方法，预防材料在使用过程中腐蚀或受其他非机械因素影响而发生损坏的技术措施。防腐技术的科普主要包括以下方面内容：

（一）防腐技术的分类

防腐技术可以分为化学防腐、物理防腐和电化学防腐等几种类型。化学防腐是通过喷涂、浸渍、涂料等方式，利用某些物质的化学反应或相互作用来防止腐蚀。物理防腐则通过给材料表面加装防腐层或使用抗腐蚀材料等方式，直接阻止腐蚀的发生。电化学防腐则利用电化学原理，通过电流作用于金属表面以减缓或抑制腐蚀的发生。

（二）常见防腐材料

常见的防腐材料包括有机涂料、无机涂料、防腐油漆以及耐腐蚀金属材料等。有机涂料主要是利用树脂等有机材料作为基体，通过添加颜料和填充料等进行复合而成。无机涂料则是以无机颜料和填料为主要成分，通常具有较高的抗腐蚀性能。防腐油漆则是将特殊的抗腐蚀材料溶解在适当的溶剂中，再加入稀释剂等调整涂料性能而成。耐腐蚀金属材料则是通过更换或加入一些特殊材料，提高材料的耐腐蚀性能。

（三）防腐施工技术的应用

防腐施工技术的应用范围广泛，包括石化、化工、电力、船舶、交通等多个领域。在施工过程中，要根据不同的工程要求和环境条件选择适合的防腐材料和施工方法。常见的防腐施工技术包括刷涂、喷涂、浸渍、涂覆和热镀等方式，施工时要注意涂层的厚度和均匀性，以保证防腐效果。

二、印尼某项目实施概况

镍是生产不锈钢和新能源电池的关键原料。中国镍产品不仅满足国内需要，而且部分产品已经进入全球供应链，成为全球供应链中的重要一环。中国某企业与印尼本地公司合作共同开发位于印尼的红土镍矿资源，采用红土镍矿高压酸浸技术在印尼已建成一座年处理褐铁矿型红土镍矿约450万t（干基）、残积矿约10万t（干基），生产氢氧化镍钴产品的冶炼厂，产品镍金属量约5.7万t，钴金属量约6900t，产品主要销往国内用于制备动力锂离子电池的三元材料前驱体。

三、防腐施工技术重难点

高压酸性工艺主要流程是红土镍矿破碎磨细制浆，在250~270℃、4~5MPa的高温高压环境中，使用稀硫酸将红土镍矿中的镍、钴、铁、铝、硅等浸出；通过调整溶液的pH值等控制反应条件，促使铁、铝、硅等元素发生水解反应以沉淀形式析出进入渣中，镍、钴选择性进入浸出液。生产过程中的高温、高压、酸液及碱液，对设备、反应槽（釜）、管道等存在严重腐蚀情况。防腐施工技术是保证设备长期运行和延长设备使用寿命的关键。防腐施工技术的重难点主要包括材料选择、施工工艺和质量控制等方面。

（一）材料选择

材料选择是防腐施工技术的重要环节。在湿法镍冶炼过程中，设备受到硫酸、碱液等腐蚀性介质的侵蚀，在选择防腐材料时需要考虑其耐蚀性、耐温性和耐磨性等性能。该项目主要防腐范围为湿法镍冶炼核心工艺段围堰、地面、地沟及坑、设备（反应釜、槽罐防腐内衬面积约28000m²）、管道、钢结构；建筑防腐蚀（围堰、地面、地沟及坑）又分为酸性和碱性腐蚀区域，酸性腐蚀区域采用树脂玻璃钢隔离层，碱性腐蚀区域采用I级耐碱混凝土；设备内酸性、高温的内衬采用衬胶及衬耐酸砖的防腐体系或2205不锈钢材质罐体，设备内碱性的区域采用衬胶防腐；管道根据不同介质采用不锈钢、PE管，以达到防腐蚀的目的；钢结构采用耐酸碱的防腐蚀涂层。采用何种材料涉及不同的施工工艺，因此需要对材料的性能特点和施工工艺要求进行全面的了解和研究。

（二）施工工艺

施工工艺是防腐施工技术的核心。施工工艺包括表面处理、涂层涂装、衬胶、衬砖等步骤。表面处理是防腐施工的第一步，其目的是清除设备表面的腐蚀物和污垢，以保证涂层的附着力。在湿法镍冶炼中，常用的表面处理方法有喷砂和机械处理等。

（三）质量控制

质量控制是防腐施工技术的保证。在湿法镍冶炼防腐施工过程中，严格的质量控制是确保设备运行稳定性和使用寿命的重要手段。其中设备（反应釜、槽罐等）内衬防腐维修需要停机，排空设备内溶液，并通风、清洗、检查，维修前干燥，维修中往往会伴随高温、有毒有害气体及有限空间等各种危险源，设备内衬最为重要，本节重点介绍设备内衬胶质量控制，包括施工前、施工中和施工后的各个环节。

1. 施工前需要达到下列条件：

（1）设计及其相关技术文件齐全，施工图纸已经会审。

（2）施工组织设计或施工方案已批准，技术和安全交底已完成。

（3）施工人员已进行安全教育和技术培训，且经考核合格。

（4）材料、机具、检测仪器、施工设施及场地已齐备，材料、检测仪器已经验收合格。

（5）防护设施安全可靠，施工用水、电、气能满足连续施工的需要。

（6）已制定相应的安全应急预案。

（7）设备及管道的加工制作，应符合施工图及设计文件的要求。在防腐蚀工程施工前，应进行全面检查验收，并办理交接手续。

（8）设备外壁附件的焊接，应在防腐蚀工程施工前完成。

（9）对不可拆卸的密闭设备必须设置人孔。人孔的大小及数量应根据设备容积、公称尺寸的大小确定，且人孔数量不应少于2个。

2. 施工过程中需要严格按照工艺要求进行施工操作，在防腐蚀工程施工过程中，不得同时进行焊接、气割、直接敲击等作业。过程监控和质量检查具体要求如下：

（1）基体焊缝打磨要求如图1~图3所示。

（2）钢制槽罐内防腐施工现场基层处理通常采用喷射除锈，通常要求为Sa21/2级，即在不放大的情况下观察，表面应无可见的油脂和污物，并且几乎没有氧化皮、铁锈、涂层和外来杂质，任何残留污染物应附着牢固。

（3）衬胶场所应干燥、无尘，通风良好。作业人员的衬胶用具及个人防护用品应清洁，并应防静电。进入设备内应穿软底鞋。

（4）胶板的放置不得挤压变形或粘连。

（5）槽罐类设备衬里施工，宜按照先罐壁，再罐顶，后罐底的贴衬顺序进行。

（6）当设备内脚手架搭设或拆除时，不得损坏衬里层。

（7）底涂料的涂刷应在金属基体表面处理合格后4h内进行，且金属表面不得有凝露；当相对湿度超过75%时，应采取除湿措施。

（8）胶板下料的形状应合理，尺寸应准确，应减少贴衬应力，接缝应采取搭接，其宽度应为25~30mm，搭接方向应与设备内介质流动方向一致，削边应平直，宽度不应小于胶板厚度的

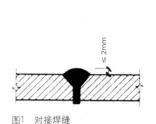

图1 对接焊缝

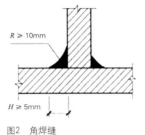

图2 角焊缝

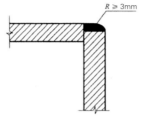

图3 凸出角焊缝

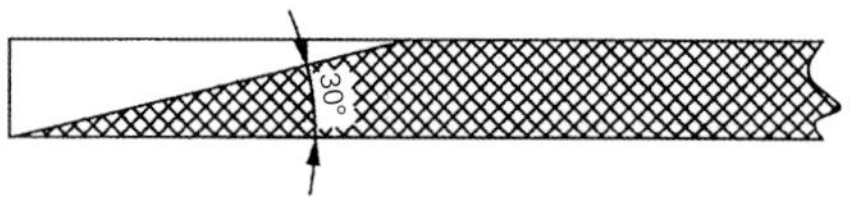

图4 胶板削边

3~3.5倍，并应宽窄一致（图4）。

（9）衬贴胶板时，橡胶板和设备的表面分别涂刷胶粘剂并经充分干燥后进行粘贴操作。涂刷过胶粘剂的胶板表面应用尼龙布覆盖，卷成圆筒形，并编号依次放置。胶板黏合的结果直接关系到衬胶层的最终质量。

（10）涂刷胶粘剂前，应对基体表面采用稀释剂擦拭洁净，并干燥。胶粘剂在使用前应搅拌均匀。胶粘剂涂刷应薄而均匀，不得漏涂、堆积、流淌或起泡，上下两遍胶粘剂的涂刷方向应纵横交错；第一遍胶粘剂干至不粘手时先清除第一遍胶粘剂表面上的沙尘，并将第一遍胶粘剂表面的气孔清理或修补合格，之后方可涂刷第二遍胶粘剂。

（11）底涂料和胶粘剂的刷涂、配制、搅拌程序，应按胶板生产厂家的使用说明书进行，各组分应胶板均匀，并应在2h内用完，出现结块现象时不得使用。

（12）干燥时间的判定：涂刷胶浆后必须有足够的静置时间，以使溶剂挥发胶浆浓缩，一般是以手触摸胶膜微有粘手，但不起粘丝为原则，否则不可粘贴；胶浆未干透，往往会造成衬胶层的起泡，胶浆太干，又会失去胶浆的粘结性，造成衬胶层的脱层现象。胶板的接缝应压合严密，边缘呈圆滑过渡。

（13）压轮一般直径在25~50mm、宽5~10mm，衬贴一般设备时用φ25~35mm压轮，当衬贴大于φ2m的大型设备时，可选用φ50mm压轮，提高滚压速度。

（14）胶板接头应采用丁字缝，丁字缝错缝距离应大于200mm，不得有通缝。接缝方向应根据设备结构而定，设备接管或内壁的接缝方向应顺介质流动方向，搅拌设备的接缝应顺介质的转动方向。

（15）在与贴衬作业同步、条件相同的情况下，应制备下列数量的试板：

①罐顶：施工开始时和施工结束时各2件；②槽/罐壁：上、中、下各2件；槽/罐底：共2件；③试板为300mm×300mm的钢板，喷射质量和贴衬工艺与现场施工相同，制作完毕后置于罐内自然硫化，作为产品最终检查的依据。

3.施工完成后需要进行工艺验收和质量评估，以确保防腐施工的质量符合标准要求。衬胶板质量检查验收要求如下：

（1）胶层外观质量和胶层与金属表面的粘结情况，胶层表面允许有凹陷和深度不超过0.5mm的外伤、印痕和嵌杂物，不得出现裂纹或海绵状气孔。衬胶制品的胶层和金属表面间不得有脱层现象。检查方法为目测或锤击。

（2）衬胶后胶层各部分尺寸应符合设计规定。检查方法为尺测量。

（3）橡胶衬里层针孔检测采用电火花检测仪进行，检查胶层搭接缝时，探头与接缝应成点接触；检查胶板时，探头与胶板应成线接触，接触长度应为150mm；检测时，探头行走速度不宜大于100mm/s；胶板检测电压应为3kV/mm，检测时衬里层应无击穿现象。检查方法为电火花检测仪检查。

（4）采用磁性测厚仪检查橡胶衬里层厚度，其厚度允许偏差应为胶板厚度的-10%~+15%。检查方法为采用磁性测厚仪检查和施工记录。

衬胶+衬砖防腐材料，在树脂类衬砖完成后应按照规范规定的养护期进行养护后才能投入使用。

已防腐蚀合格的设备在吊装和运输时，应采取防护措施，不得碰撞和损伤防腐蚀层，暂不投入使用的应妥善保管。

总之，在湿法镍冶炼防腐施工技术方面，材料选择、施工工艺和质量控制是重难点。针对这些难题，需要进行多方位的研究和探索，提出合理的解决方案和施工管理策略，以确保防腐施工的效果和质量，进一步提高设备的使用寿命和生产效益。

四、防腐施工管理重难点与后续提升空间

（一）管理重难点

由于国内防腐施工企业众多，技术及管理水平参差不齐，一般许多防腐施

工作业由非专业施工人员来做，他们对施工技术、工艺了解不透彻，因此施工质量普遍不高。实际上，防腐蚀施工专业性很强，技术较复杂且具有连续性。防腐施工管理重难点主要包括施工现场管理、技术管理、质量管理和安全管理。

1. 施工现场管理

现场管理着重于施工准备和计划管理，施工准备贯穿于施工全过程。防腐蚀工程绝大多数是零散小项目，重点应抓好作业性施工准备工作，如物资、劳动组织、成本，这样才能保证防腐蚀工程的施工进度、质量、安全和成本达到预期的指标。而计划管理又是现场管理工作的前提，也是核心工作，各项管理工作均离不开计划管理，通过计划的综合平衡，找出问题进行协调，保证相互衔接。

2. 技术管理

技术管理贯穿于整个生产活动各方面，包括施工前各项技术准备，施工中贯彻执行监督检查，施工后交工验收、总结等工作。施工技术管理包括人、技术要求、技术装备、管理标准、检验试验等五个基本条件。

3. 质量管理

质量管理是从原材料进入现场到工程竣工验收整个施工过程所进行的管理，它是各项管理的重要组成部分。质量管理的目标是使工程质量达到国家质量检验评定标准和施工验收规范及产品标准的要求。通过工程质量分类和预控、各专业及工序专业检查、防腐蚀工程中间检查和最终检查等过程质量控制步骤，做好工程交接、运输保管的防腐蚀工程最后环节，方能保证防腐施工质量达到预定目标。

4. 安全管理

防腐蚀工程所用原材料绝大多数对操作人员的身体有危害，施工过程中普遍伴随高处作业、有限空间等危险源。现场安全管理严格实行安全生产责任制，施工对作业人员进行安全技术交底，落实原材料储运、除锈及容器内作业、高处作业、脚手架作业及消防等安全技术措施，保证施工作业人员安全。

（二）后续提升空间

针对湿法镍冶炼防腐施工技术和管理重难点，可在三个方面进一步提升，即技术改进、管理优化和人员培训。

1. 技术改进

针对湿法镍冶炼防腐施工技术，可以进一步进行技术改进。在施工过程中，可以引入新的防腐材料和涂层技术，以提高材料的防腐性能和耐久性。例如，可以采用新型的耐腐蚀涂层材料，如聚酰胺、环氧树脂等，提高施工过程中对酸碱腐蚀和高温腐蚀的抵抗能力。

2. 管理优化

管理方面可以进行优化。湿法镍冶炼防腐施工涉及多个工序和多个部门及施工单位的合作。可以建立一个完善的项目管理体系，明确各个工序的责任和任务，并进行定期的进度和质量检查，强化现场监督和质量控制，建立健全的施工记录和档案，方便日后的维护和管理工作。同时，技术与管理的融合也是提升的关键，如引入信息化管理系统、智能化监测设备等。通过综合提升，可以提高湿法镍冶炼防腐施工的效果，延长使用寿命。

3. 人员培训

人员培训也是提升空间之一。湿法镍冶炼防腐施工需要掌握专业知识和技能。在招聘和培训方面，应注重人员的技术能力和经验，并加强对新进人员的培训和帮助。可以成立培训班或者组织技术交流活动，提高员工的技术水平和专业素养。此外，还应该加强安全意识教育，提高员工的安全意识和操作技能，确保施工过程的安全性。

结语

镍钴湿法冶炼设备及结构的良好防腐蚀是保证湿法镍冶炼生产工艺流程安全、稳定运行的保障，在设备及结构防腐蚀施工前，要熟悉设计及相应的施工规范，就施工重难点制定相应的控制措施。施工过程中严格按照设计，要求作业人员规范进行防腐施工，严格按照规范进行过程验收，方能保证防腐蚀成品质量，满足设计效用。

针对湿法镍冶炼防腐施工技术和管理重难点，通过不断的技术创新和管理优化，可以提高施工质量和效率，降低成本，确保湿法镍冶炼设备的安全、长期稳定运行。

参考文献与资料

[1] 冶玉花.湿法冶炼锌锌粉净化工艺及净化渣处理工艺优化实践 [J].世界有色金属，2022（24）：5-7.

[2] 和润秀.离子交换树脂在镍钴湿法冶炼废水深度处理中的应用研究 [J].冶金管理，2020（13）：23-25.

[3] 李俞良，鲁兴武，程亮，等.从镍冶炼系统黄钠铁矾渣中综合回收铜镍 [J].甘肃冶金，2018，40（2）：25-27.

[4] 武兵强，齐渊洪，周和敏，等.红土镍矿湿法冶金工艺现状及前景分析 [J].中国冶金，2019，29（11）：1-5.

[5]《化工设备、管道防腐蚀工程施工及验收规范》HG/T 20229—2017.

探索农业全咨模式，助力面源污染治理

——山西省某县重点流域农业面源污染综合治理项目全过程工程咨询实践

王铮辉　尤　海

华春建设工程项目管理有限责任公司

摘　要：本文通过分析农业项目全过程工程咨询服务特点，提出把组织架构搭建到实施过程中的"一主体一方案"思路，对全过程咨询服务从设计阶段到竣工验收阶段主要的工作内容、工作方法进行了较为全面的实践总结。

关键词：农业项目；全过程工程咨询；一主体一方案；实践总结

引言

近年来随着社会经济发展，农村环境形势较为严峻，农村环境问题特别是面源污染不仅给农业发展带来了巨大影响，还阻碍了环境质量的改善。"绿水青山就是金山银山"，良好的生态环境是农村最大的优势和宝贵财富，将生态绿色发展与乡村振兴结合，在新时代的背景下具有重要历史意义。

一、项目概况

（一）项目背景

山西省某县地处太岳山东麓，境内有沁河、汾河两大水系，下辖12个乡（镇、街道），县内种植业、养殖业发达，致使生活污水、养殖污水、种养殖业固体废弃物和人畜粪便等污染对生态环境破坏较大。为消除面源污染，实现可持续发展，由县农业局牵头对县域内重点面源污染进行综合治理。华春建设作为该项目全过程工程咨询方，提供监理＋造价＋项目管理咨询服务。

（二）建设内容

本项目建设内容包括畜禽养殖污染治理、化肥农药减量增效、农作物秸秆资源化利用、废旧农膜等农业废弃物收集与资源化利用和实施效果监测五大工程。

（三）投资结构与资金来源

本项目总投资9900万元。来源有中央财政资金、地方配套资金、企业自筹资金三类。

二、项目特点

（一）项目管理点多面广，标段难以高效划分

项目覆盖全县所有乡镇，涉及主体建设单位37家，各方建设内容、采购种类各不相同，且大多建设场地分散于山区沟道，交通极为不便，不仅增加了项目管理难度，而且难以高效划分标段。

（二）农业面源特性鲜明，全过程工程咨询服务贵在综合

农业类项目特性鲜明，对全过程工程咨询团队成员综合素质能力及专业技能要求更加严格。例如该县森林覆盖率接近60%，号称"油松之乡"，属全国天然林保护重点县，项目所在地大多位于林区内，森林防火压力大；团队成员

须了解森林火灾识别、防护等涵盖生态学、地理学、环境科学等多学科交叉领域知识。

（三）前期设计调研不细，资料收集重在事先

设计单位前期调研不够细致，导致建筑安装（以下简称"建安"）工程设计与现场实际情况有所出入，未能完全做到因地制宜。如：农膜储存池的建设位置均无具体要求、设备参数描述过于简单笼统；土方、钢结构建筑物避雷和钢结构防腐等工程漏项。

本项目涉及土建、安装和仪器设备等多种专业，建设单位和实施单位不尽相同，国有资金与自筹资金项目验收标准也略有差异，为项目的资料管理带来诸多不便。需事先制定对项目资料的收集、整理、组卷的标准。

（四）企业自筹资金难以到位，存在进度拖延风险

该项目资金来源由中央财政资金、地方配套资金和企业自筹资金三部分构成，要求在项目启动前务必将资金（尤其是企业自筹部分）落实到位，但个别企业因重组、经营范围变更等原因导致自筹资金迟迟不能到位，增大了项目管理难度，存在进度拖延的风险。

三、组织架构

本项目涉及单位多，协调工作量巨大，专业偏冷门。为充分发挥公司的人才优势，本项目采用项目部＋公司技术支持的方法，建立"一把手"模式，由公司分管副总经理牵头做项目总负责人，成立项目部统一指挥，下辖项目管理部、监理部、造价咨询部。总工办公室作为项目各部门技术支持参与其中，负责具

体工作执行过程的标准要求制定、成果审核，充当智囊团角色。

四、全过程工程咨询服务成效及亮点

（一）快速梳理项目实际情况，确定里程碑进度节点

本项目虽然立项较早，但因缺乏总体建设思路，工作推进缓慢，进度严重滞后。全过程工程咨询团队进场后，以问题为导向，利用因果分析法对项目问题展开研究。明确岗位职责，项目实地调研、设计管理对接、前期资料审核等多条工作线任务同时开展。白天完成实地调研、设计对接、资料审查；晚上汇总问题，商讨解决方法，用一周时间完成项目摸底。

通过对项目实施阶段的策划和项目分解，编制针对性强的项目管理实施方案，确定里程碑节点目标，合理安排工作顺序，使计划工期较建设预估的工期目标提前了 5 个月。

（二）以重点工作为切入点，全力推进项目实施

项目实施中我们紧抓各阶段重点工作，通过建立思维导图，执行 PDCA 的工作思路，持续对管理工作进行改进。

在熟悉设计方案和概预算的基础上，确定当前重点工作为招标采购，此项工作的制约因素是施工图设计进度拖后。为此，项目部对设计时限进一步明确，督促设计单位按期提交施工图设计。

设计图提交后，项目部立即组织相关单位和部门召开了项目推进协调会，将施工图预算、财政评审和招标采购确

定为施工准备阶段的重点工作，并据此安排责任人，明确时间节点和工作流程，全力推进项目实施。

（三）强化设计管理，确保项目顺利推进

为保证设计文件的可行性和工程概算的准确性，项目部一方面安排造价工程师对设计概算进行审核，另一方面在对项目的实际走访中开展对初步设计的审查工作。将初步设计中所列的建设内容逐条与现场实际情况进行比对，明确主体单位需求和设计的可行性。在初步设计阶段我们向设计院反馈并得到其确认的意见建议共计 11 条。

施工图设计完成后，由全过程工程咨询负责人组织公司技术团队对施工图设计进行审查，累计向设计院反馈设计中缺项漏项和需优化问题 39 条，完善细化设计参数的设备 64 项，占设备总类比例 80% 以上。

（四）完善各建设主体单位项目申请资料，提早完成资料报备

在审查各建设主体单位的项目立项申报资料时，项目部发现各家单位所申报的资料存在无统一格式、标准，资料不齐全，甚至个别单位上报的建设内容与项目的立项批复有所出入等情况。

为规范项目申报资料，项目管理部将本项目按建安工程和设备仪器采购进行分类，并依据国家法律法规、规范标准和该项目的立项批复文件编制建安工程申报资料目录和设备仪器采购申报资料目录，统一项目申报资料格式，明确申报资料内容。对主体单位资格、建设用地、规划和环境影响评价手续进行了规范，对自筹项目实施、自筹资金保证提出了申报要求。确保项目实施、资料验收和结算审计的顺利进行。

（五）突出"一主体一方案"的思路，针对性解决问题

本项目覆盖全县12个乡镇，37家建设主体单位，在项目走访时发现各方存在的问题五花八门。对此项目部按照问题的影响程度，将其划分为一般、较大、严重三个等级。将所有问题按建设主体单位逐一分类，制定解决办法，实行清单化管理。

在此基础上，项目管理部提出"一主体一方案"的工作思路。针对每家建设主体单位管理水平、主观配合度、存在问题和建设内容的不同制定了针对性实施方案，明确目标节点，要求各家主体单位按照实施方案落实责任。

通过具有针对性的"一主体一方案"工作思路，明确了各方工作职责，提高了各方工作效率和工作积极性，极大地推动了问题处理速度，较好地解决了项目存在的问题。

（六）协助标段划分，审核招标文件，为建设商选提供保障

本项目投资额较高，建设内容繁杂，设备仪器采购种类多，建设场地分散，标段划分尤为重要。经多轮论证我们以设计方案和概算为基础，以中央资金为主线，将建安工程按建设内容划分为6类，设备仪器按照种类型号划分为46类。同时考虑管理高效、进度目标、地域特点、资金保障等因素，最终将设备仪器类划分为10个标段，建安工程类划分为4个标段。

同时为保证招标文件的严谨性，在项目部审查基础上，安排公司总工和招标专员进行审查。对服务范围内容与界面的清晰性，服务期限、管理目标的明确性，付款条款的合理性，责任义务与权利的匹配性等提出了50多条审查意见。

（七）重视合同统筹管理工作，完成合同范本编制及审核工作

项目进入招标阶段后，项目部编制了建安工程总承包合同和设备仪器采购合同的合同范本，提供给县农业农村局作为参考。在合同签订后工程咨询团队通过编制《合同条款交底分解表》《合同条款风险识别表》深入解读合同，分析合同关键条款，并由项目负责人组织对各业务负责人进行合同交底，业务负责人在合同交底后编制《合同内容分工表》，并对项目部成员进行合同分工交底。

（八）以全过程工程造价为抓手，为建设投资严格把关

为确保项目投资内容全面、费用完整、计算合理，造价人员对工程概算逐项对比，多级复核，确保工程概算和工程量清单完整准确，最高限价有据可依。对设计中无法准确计量及二次利用无法预估的问题，在编制预算时通过经验分析和实地测算，预估大概数额后以暂列金的方式计入，大幅度降低了本项目投资超概算的风险。在项目实施中通过资金使用计划的编制，工程量与工程款的审核，工程变更、索赔、签证和审核等工作使建设投资一直处于可控状态。

（九）监理工作唱主角，项目管理做"管家"

进入施工阶段后，监理部工作按照"三控三管一协调"的内容依法依规全面实施监理工作。项目管理部代表建设单位统揽全局，不仅协调好各方关系，还要密切关注各方合同履约情况，同时针对制约项目实施的各类问题，及时组织专题会议协商解决，并定期代表建设方组织对现场施工质量、安全、进度进行检查，此阶段项目管理不仅要作为建设单位的参谋，更要成为建设单位的"管家"。

（十）提前布局项目验收

在施工期间通过加强对工序、设备仪器的验收和资料收集整理，提前布局项目验收。针对仪器设备与建安工程按标段进行初步验收，对于需安装调试并试运行的仪器设备，在确认试运行条件后，即开始组织设备试车，确保项目验收时，设备试车及调试已完成，能随时投入正常生产。

项目资料在监理部审核基础上，项目管理部根据相关规范标准进行复审，保证资料真实完整。同时安排造价咨询部收集整理设计变更、工程签证和协商洽谈的相关资料，为竣工结算做好准备；安排监理部按要求组织好竣工预验收，完成《工程质量评估报告》的编制。项目管理部也通过对自身项目管理工作的分析总结编制《全过程工程咨询服务工作总结》。

五、全过程工程咨询在农业项目方面的实践分析

（一）实施效果分析

1. 为确保项目能够顺利交付，我们明确岗位职责，加强公司与项目部的黏合度，以头脑风暴的方式群策群力，寻找问题解决办法，落实方案专人跟踪，极大地推进了项目的顺利进展。

2. 流域性的农业面源污染治理项目一般由县级农业农村局作为建设单位负责实施，而因为业务和专业方面的原因，使得虽作为建设单位却对建设工程的全过程缺乏系统性了解，缺少对问题或风险的预判，不能高效地组织项目实施。同时政府投资均要求对项目进行全

项目进度对比表			表1
项目名称	全过程工程咨询单位进场至开工建设时间	开工时间	预验收时间
同期同省同类型某项目	6个月	2022年10月	2024年5月
本项目（原计划）	无	2023年7月	2024年1月
本项目（调整后计划）	3个月	2023年5月	2023年11月

面、全方位、全过程的审计，而全过程工程咨询服务的引入可以很好地解决问题，通过专业人员的全程参与，提高了管理水平，降低了项目风险，规范了参建各方行为。

3.进度管理作为项目管理的核心之一，我们通过合理预判安排项目、调动各参建方积极性、提高决策时效等方法，尽可能压缩设计阶段和施工准备阶段中各个环节的间隔时间。该项目用3个月时间完成了现场踏勘、施工图设计、财政评审、标底编制、项目招标和施工合同签订，将原计划施工阶段的11个月建设时间压缩到7个月（表1）。

4.本项目投资来源由中央财政投资、地方配套投资和企业自筹三部分组成，其中管理难度较高的是企业自筹部分。我们对各主体单位自筹资金落实情况进行排查摸底，针对自筹资金未落实或不到位的主体单位，将其与该单位的建安工程和设备供货挂钩，采取暂缓施工和供货的方式，倒逼其加快自筹资金的落实。另外针对设计中的漏项内容，经多方联系后我们在编制预算时将该部分费用纳入预备费中，保证了后期施工正常进行。

（二）优缺点分析

1.本项目通过"1+N"的全过程工程咨询模式，整合了项目管理、工程监理和造价咨询各阶段的服务内容，通过优化设计和精细化管理，实现了"1+1＞2"的管理效益。

2.面对县农业农村局建设专业人才短缺、人力配备不足、对建设制度和程序掌握不全面等问题，全过程工程咨询"顾问＋管家"服务有效解决了其在建设领域的短板，确保了项目的顺利实施。

3.全过程工程咨询团队以高效、专业的服务进入农业领域，提高了农业农村建设的规范化、标准化水平。

4.农业项目涉及的自筹项目建设一般都不进行公开招标，企业自筹资金通常很难一次落实到位，增加了项目管理难度。

5.农业项目涉及的村镇较多，每个主体建设单位情况不一，一个问题常常需要县、乡、村和主体建设单位多方参与解决，现场协调工作量较大。

六、咨询服务经验总结及推广

（一）组建以"服务"为宗旨的高效团队

全过程工程咨询服务团队组建时在充分分析项目需求的基础上，以向委托方提供最好的服务为宗旨，组建涵盖所有服务内容、配备相应专业人员的管理团队，切实为委托方排忧解难，提供

"一站式"服务模式，对项目实施中的重难点高效处置，从而体现全过程工程咨询服务在项目建设中的价值。

（二）做好项目策划

项目策划是在开始项目之前，对项目目标、范围、资源和时间进行详细规划的过程，对项目建设起到指导、协调和控制的作用。通过项目策划我们可以统一思想，制定标准、流程和工作方法，合理配备项目资源，预判风险因素并提出相应对策。

（三）突出"项目负责人"主导作用

项目负责人作为项目实施中"领头羊"，不仅要熟悉相关政策、标准和规范，而且要确保全过程工程咨询项目顺利实施。

本项目中项目负责人通过统领、协调、组织、审核的方法对管理团队集约管理，实现资源共享；对承包人协调沟通，监督管理；使委托人项目增值，提高建设效率。

（四）全过程工程咨询模式在农业领域的探索推广

《国务院关于印发"十四五"推进农业农村现代化规划的通知》（国发〔2021〕25号）中明确指出，实现农业农村现代化是全面建设社会主义现代化国家的重大任务。当前国家逐年加大对农业农村的投资力度，农业农村市场前景广阔，相较于城市化方面的建设，在农业农村建设中最缺乏的是技术和管理，而全过程工程咨询单位的介入正好解决了这块短板，使得全过程工程咨询模式在农业农村建设领域必将大有作为。

浅谈政府项目全过程工程咨询管理

吕 桥

上海建科工程咨询有限公司

摘 要：本文讲述了政府项目推行全过程工程咨询模式的亮点，对全过程工程咨询行业发展进行探讨并提出相关建议，分享案例工程中的工程管理经验，以此推广全过程工程咨询行业的服务理念及价值。

关键词：政府项目；全过程工程咨询；工程项目管理；建设工程监理；施工管理

引言

近年来我国工程咨询服务行业转型升级，自 2017 年开展第一批全过程工程咨询项目试点起，各地结合试点项目开展了项目经验总结，目前我国咨询行业制定了《全过程工程咨询服务管理标准》T/CCIAT 0024—2020，明确了全过程工程咨询的程序、方法及成果，工程咨询行业日趋规范。

政府项目开展的全过程工程咨询工程，对招标人的管理要求不断提高，随着工程咨询行业中各工程咨询单位竞争加剧，企业需在服务过程中不断提升自己的实力与水平，因此，本文主要以全过程工程咨询服务模式为研究对象，对重点项目案例的工程管理经验进行研究和分析，为行业提供借鉴。

一、基本理念

全过程工程咨询是指进行全生命周期管理服务，工程咨询单位综合运用多学科知识、工程实践经验、现代科学技术和管理方法，采用多种服务方式组合，为委托方在项目投资决策、建设实施乃至运营维护阶段持续提供局部或整体解决方案的智力性服务活动（图1）。

全过程工程咨询主要模式为"1+N"或"1+1+N"两种，第一种"1"指全过程项目管理（必选），"N"指在全咨基础上配备专项咨询服务（可选）；第二种第一个"1"指全咨总包，第二个"1"指除全过程项目管理外，必选之一及以上包括工程设计、勘察、工程监

图1 全过程工程咨询服务范围

理，"N"指在全咨基础上配备专项咨询服务。

二、政府项目全过程工程咨询模式

目前我国不同省份、自治区的政府项目采取不同的建设管理模式，本文以广东省深圳市政府项目为例，介绍关于全过程工程咨询的类型及工作亮点，现在广东省已完成全过程工程咨询服务标准与合同标准。

政府项目常见的管理组合形式如下：

一是项目管理＋工程监理＋造价咨询（"1+N"类型）；

二是项目管理＋工程监理＋造价咨询＋招标采购管理（"1+N"类型）；

三是工程设计＋项目管理＋工程监理＋造价咨询（"1+1+N"类型）。

全过程工程咨询单位与业主组织架构模式如图2所示。

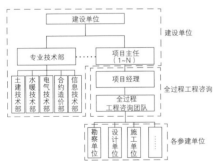

图2 全过程工程咨询单位与业主组织架构模式

三、大型文体类项目全过程工程咨询管理经验

（一）项目简介

深圳技术大学建设项目（一期）位于深圳市坪山区石井、田头片区，占地面积约59万 m²，总建筑面积约96万 m²，概算批复投资约80.8亿元，项目开竣工时间：2017年6月—2022年10月，主要建设内容为单体19栋及配套设施，项目招标以"1（基坑）+4（总包）+7（精装修）+6（幕墙）+2（弱电和消防电）+2（室外铺贴+园林绿化）"组织建设。

本项目为重大工程，为我国第一批全过程工程咨询试点项目，是深圳市"十三五"期间重点建设项目，也是贯彻落实市委、市政府"东进战略"的具体行动，深圳市委、市政府高度重视本项目的规划建设工作。以集约用地为原则，结合深圳技术大学的办学理念和当代高等教育的教学科研模式，项目提出了极具创新的"空中大学"设计理念，构建了一个立体、开放、共享、绿色的校园空间体系。根据深圳技术大学的现代技术与教育的需求，以工代学、以学代研，在地下1层到100m高度的建筑内，在充分利用空间的同时，构成了一个包含多种技术学科的、钢结构的、装配式的、唯一性较高的中国技术大学。

（二）项目亮点

1. 项目采用全过程工程咨询"1+N"模式，聘请上海建科与深圳建科提供全过程工程咨询服务，包括11项：项目计划统筹及总体管理、项目管理、工程监理、设计管理、招标采购与合同管理、报批报建、进度质量投资管理、工程技术管理、工程信息管理、BIM管理、竣工验收及移交管理。

2. 工程样板引路。为保证操作工艺的质量，项目实施实物质量样板引路的办法。开工前，根据工程特点、施工难点、工序重点、防治工程质量通病措施等，制定工程质量样板引路的工作方案。

3. 项目充分响应深圳市建筑工务署政府工程2020先进建造体系，该体系包含四大建造系统：绿色建造、快速建造、优质建造及智慧建造。

绿色建造：推广使用铝模和爬架、围挡，办公和生活区标准化，进行扬尘控制，达到七个"百分百"等。

快速建造：土方先行、市政先行、穿插施工、预制构件和装配式施工等。

优质建造：高精度楼面、薄贴墙地砖、全现浇外墙等。

智慧建造：智慧工地、BIM的推广与应用等。

四、项目经验总结

（一）策划管理

整体策划考虑业主的首批教学工程先行交付要求，因需交付的楼栋分别设计在地块一、地块二，由此结合项目的建设特点进行标段划分。

分析确定标段划分的原则，如：考虑场地界面、设计进度、施工工期、建设规模平衡、场地划分、创优奖项、土方平衡、合同界面、交通道路、施工组织、项目亮点、市场竞争、招标工作等方面，经工程咨询单位先行策划后再向业主进行汇报，提出合理的投资决策建议，由此确定项目后续工作的整体安排。

（二）招标工作管理

在招标阶段，按照项目划分为四个标段的思路，结合业主急需、项目经验、设计进度、材料设备选择、招标条件、总承包单位模式、使用功能及需求、使用方材料设施等，考虑施工总承包设计时间不足6个月、本地气候多雨、交付工期紧等因素，与业主进行招标计划确定。

采用基础工程先行＋主体施工总承包＋专业承包＋平行发包的模式，通过采取设计分批交付基础工程、总承包、平行发包图纸，以及分阶段交付＋分批招标的思路，解决设计出图时间长、效率低的问题，在项目场平工作完工后，立即组织土方基础工程单位开展施工：基坑及土石方先行＋市政（校园道路）兼行，为后续总承包单位进场打下基础。

（三）报批报建管理

制定报批报建工作计划，结合项目规模大、持续时间长、区域影响大、行政部门审批多、协调工作量较大等特点，有序推进报批报建工作开展，利用设计管理单位的报批报建丰富经验，结合区域要求，针对 40 多项报建事项制定详细的报批报建工作计划。

报批报建工作按照前期阶段、施工阶段、竣工阶段思路每周持续跟进反馈，其中项目标段划分、地块不统一给报批报建工作带来较大的困难，过程中主要影响因素为政府行政改革带来报批报建工作不确定性，如区、市政府审批合并，导致消防审查意见审批部门不一致，造成后续验收报建工作难，后经汇报业主进行沟通后得以解决。

（四）设计管理

制定设计管理制度及设计管理工作计划等，主要思路为按照前期阶段、初步设计阶段、施工图设计阶段、竣工图阶段进行管理。本项目工程咨询单位结合设计出图时间、设计质量、人员组织、各单位专业人员、专家评审、施工图审查、分专业审查、总图审查、综合性审查等方面，组织相应的设计管理工作。

工程咨询单位对初步设计图纸进行审核，提出相应的精细化审图意见 4000

多条，施工阶段提出相应的精细化审图意见 9000 多条，协调设计变更约 4000 份，主要通过现场会议、设计会议、洽商会议、大额变更管理等制度，及时有效推进设计工作进度，为项目施工创造有利条件。

（五）进度质量安全统筹管理

制定管理制度及控制措施，通过工作计划控制、现场巡查、组织管理、协调会议、专题会议、书面文件、考核、奖罚、创优、BIM 技术等方面进行综合统筹管理。

主要亮点有：穿插施工管理、百日督战进度考核管理、标段竞赛、标段流动红旗、样板引路、样板观摩、材料设备考察、进度对标、质量安全月、6S 管理、工艺管理、新材料新技术应用等。

（六）工艺工法提炼——悬挑钢结构模块式安装施工技术

1. 项目单体

本项目图书馆建筑面积 40330m²，设计为地下 1 层、地上 6 层，建筑高度 39m。

2. 技术难点

（1）大型钢结构：钢框架＋局部钢斜撑＋钢筋混凝土组合楼盖结构体系。

（2）形式独特：由悬挑 H 型钢梁、钢拉杆及屋面构架层桁架结构组成，悬挑结构通过钢拉杆垂直悬挂于屋面以上架构层桁架下方。

（3）长悬挑、大质量：西侧 9.6m、北侧 6.1m、东侧 8.1m、南侧 6.2m，最大悬挑质量为 8t。

3. 施工工艺流程及操作要点

1）施工工艺流程

施工工艺流程如图 3 所示。

2）操作要点

（1）悬挑钢结构拼装单元划分。

（2）悬挑钢结构地面拼装测量控制。

（3）吊装吊点设置。

由于整体单元重心靠近吊点 1、3、5、7、9 一侧，因此在此侧每根吊绳上设置捯链。吊绳对各吊点的竖向位移约束强弱顺序为：吊点 5 ＞吊点 3、7 ＞吊点 1、9，因此捯链张拉顺序为：吊点 1、9→吊点 3、7→吊点 5。

张拉需分两次进行，塔吊拴钩后在单元起吊前张拉一次，初步保证每个捯链均处于持力状态；塔吊将单元调离地面 10cm 后第二次张拉，确保每个捯链处于均匀持力状态。

① 扁担梁采用截面为 H400×200×8×13，材质为 Q345B 的 H 型钢。

② 吊装加固措施：拟在平面内距悬挑根部 500mm 位置设置双钢管（或槽钢）在垂直向联结各悬挑梁（表 1），增强整体单元平面刚度。钢管采用 ϕ48.3×3.0 脚手管，材质为 Q235B（或采用 10 号槽钢）。

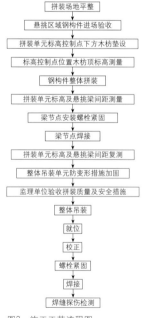

拼装场地平整
悬挑区域钢构件进场验收
拼装单元标高控制点下方木枋垫设
标高控制点位置木枋顶标高测量
钢构件整体拼装
拼装单元标高及悬挑梁间距测量
梁节点安装螺栓紧固
梁节点焊接
拼装单元标高及悬挑梁间距复测
整体吊装单元防变形措施加固
监理单位验收拼装质量及安全措施
整体吊装
就位
校正
螺栓紧固
焊接
焊缝探伤检测

图3　施工工艺流程图

整体吊装单元上每根悬挑梁所选用的吊索吊具　　表1

构件	单元类型	卡环选用	钢丝绳选用
悬挑梁	1	悬挑梁 5t 及以上国标卡环	φ 28 钢丝绳
		扁担梁 8t 及以上国标卡环	
	2	8t 及以上国标卡环	φ 28 钢丝绳

③整体单元吊装就位后进行节点的安装固定。根据节点设计要求，悬挑梁与钢柱牛腿之间采用腹板安装螺栓固定，在安装校正完成后进行全截面焊接。悬挑梁与钢框架梁之间采用腹板高强度螺栓连接；翼缘焊接。

④吊装单元之间的联结固定：整体单元吊装完成后，相邻单元间为嵌补的封边次梁。在相邻单元安装焊接完成之后吊装嵌补次梁。次梁两端与悬挑梁采用腹板临时螺栓固定，校正完成后用高强度螺栓替换紧固。

⑤吊装安全防护措施：吊装过程对整个吊装区域拉设警戒线，安全员全程旁站，高空焊接作业设置生命线且安全网满挂。

4. 经验总结

本施工技术通过借助 Tekla Structures 建模软件模拟施工，并借助 MIDAS GEN 有限元软件进行分析，提出了悬挑钢框架结构的地面单元体拼装，采用模块式安装的方法、工艺流程等，保证悬挑结构安装过程中的变形及内应力处于可控范围，有效避免了传统大悬挑钢结构下方设置支撑的方式，节约了成本；减少了高空散件拼装的工作量，有效降低了施工安全风险，同时，整体模块吊装，有利于整体控制安装平整度和调节端部标高，保证了施工质量，提高了施工效率，可为以后类似工程提供借鉴。

五、政府项目全过程工程咨询模式亮点

（一）引入全过程工程咨询服务，提高业主管理效率

政府投资项目，对工程的交付使用时间目标要求高，如学校、医院、体育馆、图书馆等，从项目立项到交付使用为 4~6 年。

业主大多指派项目主任进行现场管理，存在需要同时管理多个项目的情况，工程管理人员不足，任务加重。传统的项目管理只是在实施阶段，管理上形成碎片化，不利于业主实现项目交付目标，因此，对比引入全过程工程咨询的模式，工程咨询单位能参与到工程项目生命周期的全过程，可以较大减轻业主工程管理压力，业主也能够更多精力放在政府核心业务上，提高业主管理效率。

（二）优化政府项目管理体系，提升全咨服务能力

目前，政府投资项目的建设投资资金每年呈上升趋势，新建公共建筑项目数量逐年增加，对于培育全过程工程咨询环境有较好的作用。随着行业发展，现阶段已有全过程工程咨询标准化指引及标准示范合同，工程咨询单位的服务能力也在不断提升，综合人才不断增多，在行业中形成良性循环，行业服务水平的整体提高，有利于业主选择更优秀的工程咨询单位，以及提高工程管理工作效率。

在项目实施阶段，业主通过与工程咨询单位联合协作办公的方式，配合业主完成相应的课题工作或标准化工作等，起到增值服务作用。同时因现在各地区政府项目一般都会有自己的管理体系，在全过程工程咨询服务模式下，还可以通过工程咨询的人员力量，不断优化政府的管理体系。

（二）推行第三方专项咨询管理，提高工程安全质量

目前政府投资项目，在质量安全方面，业主一般会采用委托专项咨询方式进行巡查服务，由第三方评估单位定期对项目进行巡查评分。由于政府项目的业主权力集中，常见的管理方式有合同管理、履约评价管理，还有不良行为记录约束投标，以及对相关企业负责人进行约谈等，政府项目的管理手段对于服务单位都会有更高的约束力，承包单位要不断加强自身的服务能力，才能获得更好的履约效果。

通过第三方巡查的管理，政府项目逐渐重点将第三方项目评分结果依据，作为履约评价时评价工程咨询单位管理行为好坏的因素，在工程咨询服务评价细则中，占据重要地位或作为不合格评价条件，并通过招标文件合同文件进行要求。在一系列的监督管理下，工程咨询单位的积极性得到了提高，在全过程工程咨询服务模式中，强化了工程咨询单位的履约能力，提高了服务单位的人员能力，提升了企业服务和管理水平，也提高了业主的增值服务。

（四）有效缩短合理工期，有利于项目进度控制

政府投资项目一般有参建单位多、外部单位多、标准要求高、前期工作多、整体工期紧张等特点，对于服务单位要

求有一定的项目经验。采用全过程工程咨询服务模式，可以通过工程咨询单位的精细化管理，为业主提供全面细致的服务，降低工程风险的发生，减少资源投入，确保信息的准确传达。

全过程工程咨询在进度管理方面，通过建立进度管理制度，策划管理的方式，能够较好地接近业主的意图，通过业主需求来对施工单位进行管理及评价，工程咨询单位在项目上进行统筹管理，推进进度方式多，同时能提出许多合理的工程咨询建议，在业主的支持下，能够有效缩短项目的施工工期，有利于项目进度控制。

六、全过程工程咨询行业现阶段问题分析

（一）工程咨询企业全过程工程咨询模式转型较慢

工程咨询发展主要分为三个阶段，分别为：项目管理牵头的工程咨询、项目管理＋设计的工程咨询、设计主导的工程咨询。目前工程咨询企业大部分是以项目管理主导的"1+N"管理，很少见到以设计为主导的工程咨询，工程咨询行业整体转型较慢。

（二）工程项目管理综合人才缺少，企业培育优质人才难度大

工程咨询行业项目管理岗位需要一定的项目经验，对咨询人员的综合素质要求较高，需要以业主为核心的项目管理理念，为业主提供增值服务，目前工程咨询人员的培养还需要重视。

（三）全咨监理和业主团队融合模式单一

项目管理＋工程监理的工程咨询模式，目前是政府项目的主要工程咨询模式，但是现阶段与业主的融合形式比较单一，需要不断地深化了解组织论证，尝试不同的组合，很大可能会提升项目管理的巨大价值。

（四）投资较少的项目对全过程工程咨询认知度不高

目前政府投资项目基本上都在推广全过程工程咨询模式，但是对于投资额较少的，比如总投资1亿元以下的，业主不愿意引进全过程工程咨询；同时，总投资过低，工程咨询费本身就较少，会影响实际项目管理人员配备，继而影响后续服务质量，业主会形成不需要全过程工程咨询的认知，导致行业恶性循环，因此要加强政策方面的引导，加大培育工程咨询行业及人员。

七、关于对工程咨询行业发展思考

1. 工程咨询行业近些年得到了一定的发展，但是距离走向国际还很远，主要由于我国工程咨询模式转型升级速度慢。

2. 工程咨询近年标准化工作已完善，但是标准正式版本还未颁布。各地区标准要求也不一致，虽然对工程咨询的工作有要求，但是工程咨询工作内容标准化还没有统一表格。

3. 工程咨询模式使得监理的权力弱化，业主更加强势，同时项目企业管理、业主方面都存在多头指挥，容易导致基层人员工作矛盾多、工作量大。

4. 工程咨询由于企业大小、资质壁垒、地域经营限制、与国际咨询模式不同等，目前工程咨询单位基本上只在有限的地区发展，工程咨询企业的综合竞争力得不到提升。

5. 项目管理＋监理的工程咨询模式，需要继续深化项目管理与监理之间的组织架构、工作程序融合等，进一步提高工程监理企业工作的标准化、效率化水平。

八、全过程工程咨询行业现阶段发展建议

（一）要以客户为中心，打造优质服务

工程咨询单位要落实质量管理体系和标准化管理，树立以客户为中心的价值观，以领导作用带领工程咨询企业发展壮大，拓展客户类型，加强客户评价管理，按照卓越绩效的理念打造企业优质服务。

（二）优化工程咨询企业管理体系，引领行业全咨标准化

最近几年来，虽然各地都已出具工程咨询标准化文件，但是由于工程咨询还处于初步发展阶段，要求工程咨询企业加强学习，不仅要做好工程咨询标准化工作，也需要立足自身建立严格的改进机制，做好知识拓展。

（三）重视项目管理经验总结，加强项目风险管理

虽然工程咨询单位近年的项目管理做得不错，但是在一个项目完成后往往会发现很多问题，需要进行工作总结，特别是策划管理、实施阶段管理的经验总结。

（四）做好数字化工程咨询转型，提升服务能力

目前我国正在发展数字化经济，数字经济比重逐年增长，但建筑业是信息化发展比较慢的领域，且现在行业许多工程咨询单位自身信息化水平不高，因

此要重视数字化转型工作，用创造数字经济的理念布局工作，在今后大数据时代，将可能引领行业标准和潮流。

结语

综上所述，在全过程工程咨询管理工作中，工程咨询人员应以"项目管理、策划先行"为主导准则，做到满足业主及合同的精细化管理工作要求，工程咨询人员需要不断通过优化项目管理的方法提升自我能力，达到真正能实现高效服务、优质服务的目标，全面提高工程管理建设水平。工程咨询行业仍需要加快转型升级，加大力度培育工程项目管理人才、设计人才、综合人才等，通过提高企业的服务质量，对接国际工程咨询更高标准，完善企业管理程序及工作手册，提升企业竞争能力，相信通过工程咨询行业的不断进步，未来工程咨询企业一定能够更快走向国际，为共建"一带一路"打下坚如磐石的基础。

参考文献

[1] 丁士昭. 工程项目管理 [M]. 北京：高等教育出版社，2017：1-4，26.
[2] 丁士昭. 大数据时代下工程管理的思考 [J]. 中国建筑金属结构，2014 (10)：26-28.
[3] 丁士昭. 工程监理转型升级发展战略的探讨 [J]. 建筑，2018 (23)：3.
[4] 丁士昭. 借鉴国际经验 深化建设管理领域改革 [J]. 建筑，2017 (18)：3.
[5] 丁士昭. 全过程工程咨询的概念和核心理念 [J]. 中国勘察设计，2018 (9)：3.
[6] 任展. 政府项目实施全过程工程咨询探索和思考 [J]. 建设监理，2019 (7)：3.
[7] 柏永春. 政府投资项目在全过程工程咨询模式下工程变更的管理 [J]. 建设监理，2019 (12)：4.
[8] 徐文胜. 浅议监理服务行业现状与发展建议 [J]. 中国工程咨询，2023 (2)：86-88.
[9] 徐昊. 关于建筑工程项目管理中精细化管理策略探讨 [J]. 工程管理，2023 (10)：1.
[10] 皮德江. 全过程工程咨询内容解读和项目实践 [M]. 北京：中国建筑工业出版社，2019：50-51，66-67.
[11] 杨明宇，张江波，卓葵，等. 全过程工程咨询总体策划 [M]. 北京：化学工业出版社，2021：6.

监理企业转型发展全过程工程咨询的模式与路径探析

——以西安普迈项目管理有限公司为例

景亚杰　何　娟

西安普迈项目管理有限公司

摘　要：转型发展全过程工程咨询是监理企业满足咨询市场需求，适应工程咨询行业发展趋势的重要途径。本文通过研究全过程工程咨询的内涵，构建了全过程工程咨询的三边关系。根据西安普迈项目管理有限公司的典型应用案例，论述了"项目管理"模式、"代建制"模式、"全过程工程咨询"模式的异同特征。最后，本文提出监理企业应通过发展协同关系、应用科技手段、优化人才队伍等方式向全过程工程咨询转型升级。

关键词：全过程工程咨询；项目管理；代建制

引言

《国务院办公厅关于促进建筑业持续健康发展的意见》中首次明确提出，"完善工程建设组织模式，培育全过程工程咨询"。全过程工程咨询是指采用多种服务方式组合，为项目决策、实施和运营持续提供阶段或全生命周期的管理服务。全过程工程咨询项目以建设项目集成交付为目标，形成了"发包人—承包人—全过程工程咨询方"多方主体的三边关系，其中既包含发包人委托全过程工程咨询方进行阶段或全生命期的专业管理服务，也包括发包人委托承包人进行项目实施及运营维护交易[1]（图1）。

2018年10月，陕西省积极响应国家政策号召，公布了全省第一批全过程工程咨询试点企业，从同年颁布的《住

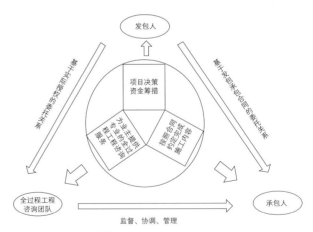

图1　全过程工程咨询结构图

房城乡建设部关于促进工程监理行业转型升级创新发展的意见》中可以看出，工程监理企业单一监理业务模式已经无法满足市场的要求，监理企业转型全过程工程咨询迫在眉睫。

一、监理企业转型全过程工程咨询的模式

西安普迈项目管理有限公司成立于1993年，目前具有工程监理综合资质，并且登记进入政府采购代理机构名单，是专

业从事建设工程监理、全过程工程咨询服务、造价咨询、招标代理、工程咨询、工程造价司法鉴定的综合型咨询服务企业。其作为陕西省全过程工程咨询第一批试点企业，积极探索全过程工程咨询模式，建立了与全过程工程咨询相匹配的组织机构、人才、服务、平台等体系，打破了监理企业仅承接施工阶段服务的局限，实现了监理企业向上下游的延伸，为监理企业转型全过程工程咨询业务奠定了基础。为响应国家政策号召，2018年普迈管理公司成立全过程工程咨询部，专门负责承接全过程工程咨询项目。目前，承接的全过程工程咨询项目的模式主要包括"项目管理""代建制""全过程工程咨询"等。

（一）"项目管理"模式

"项目管理"模式即建设单位把主要精力放在项目决策、资金筹措上，把专业的项目管理工作交给经验丰富的项目管理单位。项目管理单位按照委托合同的约定履行管理义务。在此模式下，项目管理单位往往从项目决策阶段介入，协助建设单位完成项目前期手续的办理及项目全生命周期的管理等，项目管理模式如图2所示。

典型案例：榆林市公安局业务技术用房及大数据应用中心项目（项目管理服务合同）

项目位于榆林高新区南区开源大道西地块，南邻广源路，东邻开源大道，项目规划总用地面积为38845m²，建设内容包括1栋13层主楼、2栋4层辅楼、2层地下室等。目前项目主体结构已封顶，二次砌体结构，安装工程通风管道、电气配管、竖井管道正在施工。

项目管理公司从可行性研究阶段介入，协助业主完成了①可行性研究报告批复、方案设计、建设用地规划许可证办理、建设工程规划许可证办理，以及勘察设计招标与合同签订等前期工作；②施工单位招标及施工合同签订、施工许可证办理、特殊消防审查设计备案、建设工程质监安监备案、组织设计交底和图纸会审、室内平面布置讨论及确定等施工准备阶段的工作；③审查施工方案、分析协调和调整工程进度、审查本工程的工程变更、严格控制造价管理、审查施工单位提交的形象进度表（每月）及工程支付申请表（每三个月）、检查施工现场的安全管理情况等施工阶段的工作。

在本项目管理中，项目管理团队在可行性研究报告编制、方案设计、采购策划、造价审核等重要环节进行技术把关并提出管理建议，对业主的项目建设高质量推进起到了重要作用，得到了业主的认可及充分信任。尽管公司建立了

自己的信息化平台，但是与受管理的主要合同单位之间的业务往来依然主要依靠邮件、书面文件和口头沟通等形式，各方协同作业的效率不高，导致管理工作略显薄弱。

（二）"代建制"模式

工程代建制推行以来，在政府投资领域得到了广泛实践运用，同时在学术界也得到了充分重视，诸多学者对工程代建的内涵进行了界定，其中张华平认为工程项目代建是通过建立专业化的代理机构，为建设单位提供专业化的项目管理咨询服务[2]。张奇认为工程项目代建制指政府或相关建设单位，通过正常的招标程序，委托具备相应资质和相应管理能力的项目管理公司或工程咨询公司，代理政府建设单位组织管理和做好工程项目建设事项，即委托代理的过程[3]。周红波等人通过研究不同地方的代建管理办法，指出政府融资项目采用代建制管理模式是政府建设单位委托具备工程项目管理能力和相应资质及熟悉工程相关法规政策的代建单位，对建设项目进行分阶段或全过程管理[4]。通过相关学者对代建制内涵的界定，可以发现工程代建制是指业主委托具备相应资质和项目管理能力的代建单位，对建设项目进行分阶段或全生命周期的管理，代建管理模式如图3所示。

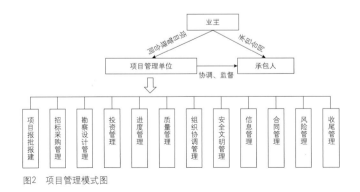

图2　项目管理模式图

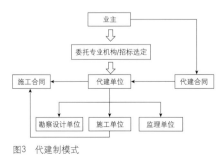

图3　代建制模式

代建制服务内容 表1

序号	管理模式	服务内容
1		核定上报可行性研究报告
2		依据批准的可行性研究报告依次组织编制报批初步设计、报审项目施工图设计
3		以项目单位名义办理代建期所需的各项审批和前期手续
4	项目管理模式	按照合同约定承担项目前期咨询、招标代理、造价咨询等专业服务
5		依法组织设计、监理、施工、设备材料供应的招标，负责相关合同的洽谈签订
6		对项目投资、质量、进度、安全、环保、档案等进行全过程管理等工作
7		负责组织建设项目竣工验收工作中的初步验收和向相关行政主管部门申请专项验收，并向陕西省发展改革委报送竣工验收申请，办理相关手续；整理汇编移交项目资料
8	造价咨询	审核、调整投资估算；编制、审核、调整施工图预算；编制、审核、调整工程量清单及最高投标限价等；编制资金使用计划；编制、审核、调整工程量与工程款等；编制、审核、调整竣工结算等
9	招标代理	按照合同委托的代理内容，由委托方要求，根据工程进展情况分段招标

典型案例：西安铁路运输中级法院审判法庭项目（代建制项目）

项目建设用地位于西安高新区规划六路以西、纬二十八路以北、纬二十六路以南、经二十二路以东，规划用地性质为行政办公用地，净用地面积约2.03hm²，建设内容为1栋7层主楼，2栋3层辅楼。项目的代建管理模式为"项目管理＋造价咨询＋招标代理"，主要服务内容如表1所示。

该项目由于历史原因，尽管立项很早，多年来因为土地及规模等问题一直无法开工建设。普迈管理公司以"代建制"模式介入工作后，一方面根据《人民法院法庭建设标准》（建标138—2010）重新梳理了建设规模，调整了设计需求，做出了业主满意的设计方案；另一方面，积极与陕西省发展改革委等相关部门沟通建设标准与规模，最终顺利确定。普迈管理公司充分利用自己的专业技术，按照规范的基本建设程序展开工作，在项目批准单位、业主、设计单位之间架起了畅通的沟通渠道，解决了长期困扰该项目无法正常推进的关键问题，得到项目各方的一致好评，也为"代建制"模式在陕西省财政投资项目的应用积累了经验。

（三）"全过程工程咨询"模式

目前，在发布的相关文件中，对全过程工程咨询进行了定义，其中《发展改革委　住房城乡建设部关于推进全过程工程咨询服务发展的指导意见》（发改投资规〔2019〕515号）指出，全过程工程咨询是对工程建设项目前期研究和决策以及工程项目实施和运行（或称运营）的全生命周期提供包含设计和规划在内的涉及组织、管理、经济和技术等各有关方面的工程咨询服务。此外，相关学者对全过程工程咨询内涵的界定也有不同的见解，其中琚娟指出全过程工程咨询是涉及工程项目全生命周期内的一项管理服务，包括项目前期策划和可行性研究报告编制，工程的设计、招标、监理、造价咨询，以及建设实施和运维等各个阶段[5]。皮德江则认为全过程工程咨询服务可以包含建设项目的全生命周期，也可以是其中的一个或几个阶段专项咨询服务的集合，业主既可以将咨询服务委托给一个具有综合咨询能力的全过程工程咨询企业，也可以委托给多家咨询企业所组成的联合体[6]。根据国家政策文件和相关学者对全过程工程咨询内涵的界定，可以发现全过程工程咨询可以是提供全生命周期的咨询服务，也可以是提供其中一个或几个阶段的专项咨询服务，可以委托一家全过程工程咨询单位实施管理，也可以委托给多家单位组成的联合体进行管理。全过程工程咨询模式如图4所示。

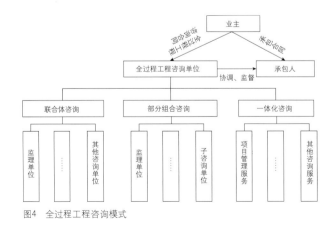

图4　全过程工程咨询模式

典型案例：西安医学院第一附属医院沣东院区（一期）建设项目全过程工程咨询服务

项目位于陕西省西咸新区沣东新城西周大道以西、诗源一路以北、沣河大道以东；总建筑面积 10.2 万 m^2，建设内容包括 1 栋住院部、2 栋医技部、1 栋门诊部和 2 层地下室。目前项目正处于初步设计、二次工艺设计及办理规划许可证阶段。本项目为全过程工程咨询模式，主要的服务内容包括项目各类评估评价报告、报批报建、合同管理、进度管理、投资管理、质量管理、安全文明管理、勘察设计管理等，主要的服务范围和服务内容如表 2 所示。

普迈管理公司以全过程工程咨询模式介入工作后，一方面协助业主进行用地规划许可证、工程规划许可证等前期手续的办理工作；另一方面，在环评过程中，积极了解审查各环评单位的资质，协助业主选择环评单位，并为其提供相关资料，完成环评报告的编制；在初步设计过程中，选择专业的医疗工艺咨询工程师，审查设计院提供的设计方案及医疗工艺需求，使初步设计最大限度满足各方需求；在平面设计图确认过程中，协调并督促设计院在满足各科室不同需求的情况下，对平面设计图进行调整，目前已顺利进入三级医疗流程设计环节。此外，普迈管理公司在管理过程中，运用专业知识，为业主建言献策，对项目进行统筹布局，为项目顺利推进奠定了基础。

二、发展路径探析

为了促进全过程工程咨询的可持续发展，针对上述三种发展模式，本文给出了相应的发展路径建议："项目管理"模式、"代建制"模式、"全过程工程咨询"模式建议向全生命周期的全过程工程咨询模式发展。具体建议如下：

（一）发展协同关系，助推监理企业转型

监理企业应积极发展协同合作关系，总结自身承担全过程工程咨询项目中的优势和劣势，坚持以业务、专业、优势互补的原则，选择与自身业务范围不重合、能够互补的企业组成联合体，以联合经营的方式承担全过程工程咨询项目。监理企业通过与相关企业发展协同合作，助推监理企业所采用的"项目管理"模式、"代建制"模式、"全过程工程咨询"模式向全生命周期的全过程工程咨询模式发展。

（二）应用科技手段，提高咨询服务水平

全过程工程咨询服务的实施离不开先进技术的支持。因此，监理企业应通过加快推进 BIM 技术和数字化管理等先进技术的应用，提高监理行业科学管理水平和服务质量。BIM 技术的应用，能够改变全过程工程咨询工作的开展方式，提升投资管理、质量管理、进度管理、安全管理等方面工作的信息化管理水平，优化工作模式，高效解决问题。数字化管理平台的应用，对行政、人事、财务、业务（监理、全过程工程咨询、造价、招标等）等进行统一管理，使企业实现管理集中化、文档标准化、流程规范化、业务数字化，从而提高咨询服务水平。

（三）优化人才队伍，打造全过程工程咨询团队

全过程工程咨询服务的关键在于"人"。监理行业的人员相较于其他行业来说，基本技能单一，专业知识欠缺，而全过程工程咨询覆盖面广、涉及专业多、管理界面宽，对提供服务的企业专业资质和综合能力提出了较高要求。因此，为完成监理企业的转型升级，必须提高员工素质，打造全过程工程咨询团队。首先，注重专业人员新理念、新方法、新政策与新技术等方面的培训，优化人才队伍。通过与员工定期进行相关技术和经验的交流，提高现有员工的基本技能和专业知识，组成卓越的全过程工程咨询团队。其次，进一步加强校企合作，在员工培训、继续教育、对口就业、课题研究等方面与高校进行更广、更深的合作，共同搭建校企合作的良好平台，共谋产学研发展的新模式，为全过程工程咨询培养高质量综合型人才。

参考文献

[1] 严玲，张亚琦，张思睿．全过程工程咨询项目多层级组合控制模式研究：基于组态分析视角 [J]．土木工程学报，2021，54（4）：107-119．

[2] 张华平．代建制：改革政府投资项目的管理 [J]．上海城市管理职业技术学院学报，2004（1）：48-51．

[3] 张奇．政府投资代建制模式和进一步规范的建议 [J]．中央财经大学学报，2000（5）：64-67．

[4] 周红波，叶少帅，沈康．政府投资项目代建管理模式风险分析 [J]．建筑经济，2007（5）：52-55．

[5] 琚娟．基于 VETS 的全过程工程咨询价值评估体系研究 [J]．建筑经济，2019，40（6）：24-29．

[6] 皮德江．全过程工程咨询组织模式研究 [J]．中国工程咨询，2018（10）：30-34．

全过程工程咨询模式服务范围和服务内容表 表2

序号	服务范围	服务内容
1	项目报批报建	（1）工程项目立项； （2）可行性研究报告审批； （3）建设项目审批核准备案（分为企业投资项目、外商投资项目）和规划条件核实确认； （4）前期手续的办理 [建设项目选址意见书审核、建设项目用地预审，建设用地规划许可证、建设工程规划许可证、建设工程质量安全监督手续、用地批准（分为划拨用地、出让用地）手续、建设工程施工许可证办理]； （5）建设工程（包括涉及文物保护建设控制地带内的建设工程）设计方案审核； （6）环境影响评价报告书（表）审核； （7）完成环境影响评价评审，配合完成节能评估评审，编制安全评价、水土保持评价、地质灾害危险性评估、交通影响评价
2	合同管理	（1）策划项目合同总体结构； （2）协助拟定合同文件； （3）协助开展合同谈判和合同签订
3	进度管理	（1）协助分析和论证项目总进度； （2）审核施工总进度计划和年 / 月 / 周等阶段性进度计划； （3）定期比较计划值和实际值，根据需要采取措施并督促落实等
4	勘察管理	（1）协助确定勘察单位； （2）协助编制勘察任务书； （3）审查勘察报告等
5	设计管理	（1）协助确定设计单位，协助编制设计任务书； （2）明确设计范围，审查项目设计方案，督促设计单位完成方案设计任务； （3）初步设计阶段：督促设计单位完成初步设计任务，配合完成设计概算； （4）组织施工图审查工作，并提出图纸优化意见； （5）组织设计交底和图纸会审，审核、处理设计变更等； （6）组织项目竣工验收； （7）组织实施工作总结； （8）其他
6	投资管理	（1）组织审查项目投资估算； （2）组织审查方案设计估算、组织审查设计概算、组织审查施工图预算，参与限额设计； （3）组织审核工程量清单，组织审核最高投标限价； （4）审核工程计量与合同价款，审核工程变更、工程索赔和工程签证等； （5）组织审核竣工结算，配合竣工结算审计工作； （6）分析项目建设投资，提供项目投资评估报告
7	招标采购管理	协助业主进行招标策划、起草合同并参与合同谈判和签订工作
8	组织协调管理	（1）项目部负责监督、管理监理单位落实施工的质量、安全、工期、投资目标和工程协调工作； （2）组织、协调、建立项目各参建单位沟通机制； （3）协调参建各方及外部单位关系
9	质量管理	（1）协助完成施工场地条件准备工作； （2）审核施工组织设计等文件，参与重大技术方案评审； （3）组织开展工程样板评审工作； （4）开展对重点工序、关键环节的质量检查； （5）参与处理质量缺陷和质量事故； （6）参与阶段性验收工作； （7）其他
10	安全生产管理、信息管理、风险管理、收尾管理	

国家级步行街城市更新全过程工程咨询实践

牛　键　张步南　赵宽平

方舟工程管理有限公司

摘　要： 为使城市更具活力，商业步行街改造成为当今城市更新的重要内容，但步行街改造比普通新建工程在建设程序、资金来源、工程技术等方面存在更多复杂性。本文通过石家庄湾里庙步行街城市更新项目采用国家推行的全过程工程咨询模式实践，说明全过程工程咨询应用于步行街城市更新项目中，在防范风险、控制投资、加快进度、保证质量等方面能够起到更大作用。

关键词： 全过程工程咨询；城市更新；步行街

引言

城市更新主要是指符合规定的主体根据城市规划和有关规定程序，对符合条件的特定城市建成区进行综合整治、功能改变或拆除重建的活动。城市发达只是城市繁荣的表现，回归人本视角，"人"才是城市持续繁荣稳定的基石，商业步行街的改造创建是聚集人气的最有效途径。石家庄市近年来以打造全国商贸物流城市，推进国际化省会城市建设为目标，制定了《石家庄市推动特色商业街区建设工作方案》（2019—2021）等多项政策，持续推进商业步行街策划、实施、运营。步行街建设时间紧、任务重，建设程序、资金来源、工程技术复杂，作为当地全过程工程咨询龙头企业，方舟工程管理有限公司利用自身在项目管理、决策咨询、投资控制、工程监理等全过程工程咨询领域的优势，参与了湾里庙步行街、休门街、塔坛商业街区、时光街、主街主路等一批街区的全过程工程咨询工作，为提升石家庄城市形象、满足人民日益增长的文化需求做出了贡献。

本文以石家庄湾里庙步行街城市更新改造全过程工程咨询为例，探讨全过程工程咨询在商业步行街改造中发挥的作用。

一、工程概况

石家庄湾里庙步行街是商务部正式公布的"全国示范性步行街改造提升第二批试点"，主街长1080m，改造区域面积61940m²，内容复杂，包括建筑立面工程、道路基础设施、环境提升改造、街区照明、智慧化街区、交通工程六个部分，该项目处于老城区，没有地下管网详细的调查资料，地下管线复杂，市政改造困难，民族路项目施工须保证周边商业正常运营，不能影响商业运营和人流交通。步行街商业环境对施工的影响大，周边建筑密度大、施工空间有限，工作面不容易开展，材料进出场地困难，围挡必须让出人行车行道路宽度，商业建筑外立面改造时遇到的问题也是城市更新项目通常存在的问题。

项目改造后实现了以商贸、文化、旅游为主题的环境与建筑一体化目标，老街区焕发新生，自2022年7月开街以来，日客流量30万人左右，成了石家庄的城市客厅。

二、全过程工程咨询范围

本工程为工程建设阶段全过程咨

询，包括项目管理、工程监理、造价咨询、施工图审查、试验检测五部分，全过程工程咨询可以称为咨询总包，对咨询总包没有资质的专项咨询按国家规定进行分包，有利于统筹管理，效果更好，还能减少委托方招标次数。公司充分发挥全过程工程咨询的管理优势，统筹规划、统一部署，顺利完成工程建设任务，并取得了较好效果。

三、全过程工程咨询工作内容

结合项目实际进行集成化分工和模块化管理，分为综合管理部、设计管理部、投资管理部及工程管理部，将监理和造价咨询融入项目管理，项目管理和专项咨询密切结合，回归引入监理制度的"初心"。

（一）综合管理

综合管理工作主要包含：制度管理、会议管理、合同管理、信息和档案管理等。

1. 制度管理方面

综合管理部负责协助领导编写项目管理实施规划等规范性文件，制定工作流程及管理制度30余个，为管理工作顺利有序开展提供了坚实保障。

在管理制度的编写过程中，秉持从项目实际出发，结合项目自身特点，综合考虑实践性和落地性，制定切实可行的制度和流程，让标准流程能够指导工作的开展，让管理制度能够规范员工行为。在后期实行过程中，对有偏差或因项目实际情况变化而不适用的流程及制度进行及时更新。

在工作流程的制定过程中，前期因设计进度滞后导致很多后续工作无法开

展，且该项目须与众多产权单位确认方案，因此在设计成果出来后的第一时间，需要管理单位尽快推进后续方案确认工作及费用把控，而众多产权单位对设计方案意见不一，常常出现多次调整、反复确认的情况，综合管理部根据此类工作需要制定出效果图及估算确认流程、施工图及预算确认流程、样品确认流程、样板确认流程等，并进行上墙展示，指导工作开展。

特别建立了日报制度，综合管理部负责对每日工作进行汇总，抄报各级领导，不但在建设阶段让领导省心放心，为领导决策及指导项目解决问题提供了帮助，还在建设完成后的各种检查中发挥了重要作用，获得了各级领导肯定。

2. 会议管理方面

综合管理部负责协助并组织项目管理单位内部人员筹划需要召开的各类会议，并协助甲方做好市、区领导调度会、专题会等会务工作，切实做好会议内容的文字记录、现场拍照工作等。因项目初始阶段现场情况复杂，为确保在第一时间能够发现问题、解决问题，坚持每日早晚各召开一次碰头会，通过问题清单等方式进行问题梳理，并集中智慧找到解决办法。项目初期主要是思路的梳理，通过现场实践找到适合该项目的管理办法，从而改进管理手段，提高管理效率。

3. 合同管理方面

综合管理部负责配合领导协助甲方与各参建单位签署工程合同。

4. 信息和档案管理方面

综合管理部负责对方舟公司项目人员、参建单位人员信息，各参建单位施工组织及进度计划，联系单、通知单、签证单等资料进行汇总管理并及时更新。

对项目日常运作中留存的资料及一些重要资料的安全性负责。

（二）设计管理

根据本项目的特点，设计管理以项目运营需求为依据，以达成步行街改造提升评价指标为目标，根据各类管理流程对设计工作进行管理，以达到经济合理、美观实用的目的。包含项目设计管理的全过程控制、项目的技术管理、协调设计单位和各施工单位等。遇到专业难题，汇报并请求公司支援相关专家或者邀请外部专家现场指导。

1. 前期设计管理工作

1）设计条件

设计条件搜集首先是设计资料搜集，包括国家规范，当地规定，规划条件，红线图、地形图，市场调研报告，项目前期文件等。通过对以上文件内容的汇集，整理其中对设计工作有指导作用的内容，形成设计任务书，作为设计院开始工作的依据和工作指南。设计任务书体现了委托方对项目的思考，其完成过程是委托方对项目思路的梳理，对于项目的顺利实施非常重要。

2）设计界面

本项目包含环境提升改造工程、建筑立面工程、照明工程、道路及基础设施改造工程、智慧化街区提升工程、交通工程六大部分的设计工作，涉及建筑、结构、给水排水、暖通、电气、幕墙、精装修、灯光专项、智能化专项、燃气专项、水景专项、通信专项、电力专项、燃气专项等15个以上的专业/专项设计工作，还涉及道路两侧24家产权单位和大量小业主的不同设计内容。

根据项目特点，针对不同的单体进行了设计分工。建筑立面改造部分，划分了立面、LED屏、亮化及相应配电设

计的分工；控制中心区域，划分了内装、消防、设备、强弱电布线设计的分工。通过细致入微的工作，防止设计工作丢项，施工界面也十分清楚。

3）方案设计

一是建筑立面工程。由于各产权单位对立面的要求不同，对立面方案有不同想法，我们介入后，发现所有方案未与产权单位沟通且未得到产权单位认可，遂组织了方案确认工作，组织产权单位对方案进行签字盖章确认，委托方同时盖章，双方各存档一份，作为后续施工的依据，避免了产权单位纠纷。

二是商业加建。商业加建是该项目收入的主要来源之一，是专项债还款的保证。由于商业要求未定，随着项目招商及运营管理的进度推进，运营商业加建布局经过了2轮调整，特别是天幕区方案经过了4轮调整，各商业加建单体方案经过了3轮调整，商业加建内部布局也经过了3轮调整，以上调整严重影响了项目进度。

三是道路铺装方案。道路铺装方案是市领导重点关注的内容，我们组织对石材、灯砖、彩色沥青、塑胶等方案进行反复论证，样板先行，达到了领导满意、质量可靠、保证进度、节约投资的目的。

4）初步设计管理

初步设计是一个设计方案落地的过程，这个阶段除建筑专业外，结构、电气、设备等专业也参与到设计工作中，对建筑方案做全方位论证，验证方案的可行性。初步设计和初步设计概算是控制项目效果和投资的重要步骤，特别是这类政府投资项目，应认真对待初步设计阶段的工作。

2. 施工阶段设计管理

施工配合是设计方案落地实施的重要阶段，通过材料确认、样板确认、设计深化、设计院现场服务等工作保证设计方案落地是设计管理阶段的重要工作。需要做好设计单位与施工单位的协调，突出表现在设计类资料的管理，包括图纸资料收发记录、设计变更、材料确认单、材料样板等。

1）施工图设计管理

本项目为EPC项目，施工过程中，设计管理落实EPC的管理模式，督促联合体牵头人全程负责施工图设计，及时对设计成果审核并从施工的角度提出意见，发挥EPC的优势，同时也加强了过程监管，对施工图进度、节点性成果及时进行把控。

2）施工图审查

在施工图设计阶段，完成的施工图应及时送审，需要做到与审查单位提前沟通，提前做好技术审查，在最短的时间拿到施工图审查报告，不影响项目整体进度。

对LED大屏、幕墙设计等增加荷载的设计内容，按规范及有关规定需要原设计单位或同等资质单位审核出具意见，及时要求设计单位完成该项工作。

3）设计方案、施工图确认

根据市、区指挥部要求，将方案、施工图按流程请项目总牵头人及建设单位负责人签字确认，一定程度上可以减少因方案和建设单位要求变化而导致的图纸修改。

（三）工程管理

1. 质量管理

质量控制除按图纸、规范验收外，本项目通过设计管理，建议建筑采用装配式钢结构形式，变更不太适合步行街的透水混凝土、塑胶地面等做法；把不能保证质量的做法进行变更，起到了质量预控作用，避免了施工质量问题。

依据国家、地方或行业相关标准规范要求，依照合同文件和经审批的设计图纸等施工质量进行全面控制。以事前控制为主，以监理质量把控为核心，做好各项验收。

2. 进度管理

我们从项目管理角度结合各方面组织编制了项目总休进度计划，设计、招标、采购、现场施工三级进度计划等，进行全过程的进度管理，并采取统筹兼顾的原则，切实保障项目有计划地进行，并按期完成。同时严格按批准的计划进度进行管理，若出现计划进度达不到要求或发生滞后倾向，及时查明原因，采取组织、经济、技术、合同等有效管理措施予以补救，尽力保障既定的工期目标。

作为全过程工程咨询，各阶段的进度管理需统筹逐项落实，优化完善各项进度计划，确保进度计划的可行性和把握进度控制的节点同样是保证进度控制的重要措施。

设计阶段进度控制的主要任务是进行施工图设计优化审查进度控制；合同签订阶段进度控制措施主要是制定相应的招标计划，合理安排时间和顺序。同时配备足够的技术人员，组织或协助招标代理单位对招标方案和招标文件进行审查；实施阶段进度控制是整个工程工期控制的关键，要做好施工准备、协调各专业施工单位之间的进度关系、做好材料设备供应与工程实施进度之间的相互衔接，且做好督促检查工作，合理安排后续进度计划，做好分段流水施工，同时要处理协调工程中发生的问题矛盾；竣工验收阶段进度控制、工程结算和工程移交阶段进度控制要做好闭环。

商业项目、政府项目都特别强调进度控制，本项目确定了 2022 年 4 月 30 日室外铺装完成保形象、2022 年 6 月 30 日完工保开业的里程碑节点。公司提出的采用装配式钢结构建筑、将透水混凝土变更为艺术石材铺贴、将自流平地面变更为金刚砂一次成型地面等建议，减少了工序，加快了进度，尤其是采用装配式钢结构建筑的建议使工期直接缩短两个月，变不可能为可能。最终，经过各方昼夜奋战，圆满实现了进度目标。

3.组织协调方面

全方位协调增加内动力，变要我干为我要干，把甲方的事当自己的事，把自己的人当甲方的人，发挥润滑剂、胶粘剂作用；牵头统筹性工作的关键在于原则的灵活性掌握，核心是程序的科学化运行。

针对步行街城市更新项目的特殊性，各参建单位的项目管理角度不同，在投资、设计、合同、采购、进度、质量、成本、安全、信息沟通等方面产生的积极或消极影响，以及社会媒体、政府部门、商户居民等项目相关方在工程不同阶段对项目的影响，都会产生大量的管理协调工作；需要通过项目管理分析各相关方的需求和期望，评估他们对项目或受项目影响的程度，制定有效的策略来引导相关方支持项目决策、规划和执行，推动工程进展，组织协调的核心就是要做好沟通交流工作。

组织协调在工程施工过程中是十分重要的一项工作，往往成为工程项目成败的关键。组织协调不只是工作程序上

的协调，更多的是各建设相关方之间关系的协调。作为项目管理单位，要对涉及的建设相关方的远近关系充分了解。利用成熟的管理手段协助建设单位，协调参建单位、政府主管单位及其他工程相关单位。

由于工程项目建设是开放系统，与建设单位有关的单位范围很广，无法一一列举，除合同上的参建单位外，还有很多合同外的单位和社会团体需要进行组织协调，如政府建设主管部门，公安、消防、交通、环保部门，检测机构、咨询机构、社会团体、新闻媒介、金融机构等。这些相关方在某一阶段对工程项目起着一定或决定性的作用，项目管理单位必须认真协调，否则工程项目在实施中可能会受阻。这就要求项目管理人员能随机应变，协调好各种关系。

（四）投资管理

本项目为政府专项债项目，须严格进行投资预控，防止超概算。

由于工程总承包单位在项目初期未能按概算进行施工图设计，出现了单项工程造价严重超概算而不得不重新设计的情况。参与管理后对设计概算进行了梳理，与设计概算对比后确定施工图在经济指标方面的可行性，超概算的单项工程及时调整方案，确保了投资控制效果。

通过设计管理，提出市政路面做法优化、取消不必要吊顶、优化装配式钢结构建筑设计的建议，累计节约投资 1000 余万元。例如装配式钢结构建筑，原设计含钢量为 130kg/m²，公司具有丰

富的装配式钢结构建筑全过程工程咨询经验，提出了优化设计方案，含钢量降至 90kg/m² 左右。

结语

在政府各级领导的指挥及支持下，在公司各级领导的关怀指导下，在参建各方配合努力下，全过程工程咨询团队成员互相协助、不辞辛劳、昼夜奋战，用智慧和汗水谱写了湾里庙步行街建设的华美乐章，实现提前 90 天开街，投资管理、质量管理等都取得圆满效果，得到各级领导的认可和好评。

全过程工程咨询分为项目决策、工程建设、运营维护三个阶段，建设单位在项目早期不了解全过程工程咨询模式及政策，政府部门亲自指挥管理，投入了大量精力及时间，但效果不理想，当了解到全过程工程咨询政策及模式后，建设单位快速科学决策采用了全过程工程咨询模式。由于决策阶段的策划、立项、可行性研究报告、专项债申请、初步设计及运维阶段管理没有列入全过程工程咨询内容，造成在工程建设阶段出现了较大变更。在本工程中咨询团队与策划、运营团队保持紧密合作，从策划、运营角度提出适合商业的做法，有力支持了策划、运营工作。

通过实践证明，本工程如果采用全阶段的全过程工程咨询，会取得更好的效果。同时建议各级政府加强全社会对全过程工程咨询的认识，督促全过程工程咨询政策落到实处。

新形势下监理企业拓展服务模式的经验与思考

张 勖

承德城建工程项目管理有限公司

摘 要： 本文以承德城建工程项目管理有限公司适应市场需求，拓展全过程工程咨询服务模式的历程为实例，探讨针对国家政策和市场形势的新变化，大型监理企业应如何找准定位，坚守初心，通过扩充资质、拓展业务链、调整组织机构和人才结构，逐步搭建起全过程工程咨询的大平台，以企业服务品牌、员工队伍、企业文化"三个建设"为依托，以为业主提供高品质服务为核心，逐步建立起以全过程工程咨询为主导的高端咨询企业。

关键词： 监理；全过程工程咨询；服务模式；服务品质

一、大型综合资质监理企业的发展出路

作为具有综合资质的大型监理企业，如何在当前监理行业的困境下转型升级，找到发展出路？承德城建工程项目管理有限公司用自身向全过程工程咨询高端服务转型升级的经历，给出了一种答案。

二、全过程工程咨询服务模式的探索与经验

作为一种新兴的工程项目管理模式，全过程工程咨询借鉴国外先进工程管理经验，是指对建设项目全生命周期提供组织、管理、经济和技术等各有关方面的工程咨询服务。全过程工程咨询服务涉及建设工程全生命周期内的策划咨询、前期可行性研究、工程设计、招标代理、造价咨询、工程监理、施工前期准备、施工过程管理、竣工验收及运营保修等各个阶段，但又不是各环节、各阶段咨询工作的简单罗列，而是把各个阶段的咨询服务作为一个有机整体，从而优化咨询成果。采用全过程工程咨询模式有利于工程咨询企业较早介入工程，熟悉目标，明确要点，预测风险，从而提前制定科学有效的防范措施，以避免或减少索赔事件的发生。

作为监理企业，承担全过程工程咨询的角色有先天的优势。监理基本参与了工程建设的整个过程，在工程建设最重要的施工阶段发挥了相当关键的管理作用，而监理的工作模式天然适合承担全过程工程咨询任务，在行业的引导下，监理行业在推行全过程工程咨询的改革中能够抢先一步，拥有更加丰富的实践经验。因此，开展全过程咨询对于监理行业来说既是一次难得的转型发展机会，也是一个不小的挑战。

承德城建工程项目管理有限公司20多年来，通过积极发展多元业务，提升服务资质，调整组织结构，建设咨询团队，不断完善全过程工程咨询产业链，提升全过程工程咨询服务能力，形成了以项目管理为核心、经济和技术为支撑、人力资源和科技手段为保障的全过程工程咨询服务能力体系。服务品牌、员工队伍、企业文化等"三个建设"，成为企业创新管理的三大法宝，承德城建走出了一条具有企业核心竞争力的转型升级、提质增效之路。

（一）完善全咨产业链，打造全咨服务品牌

承德城建作为承德市培育和开拓全过程工程咨询市场的先锋，早在2007

年就承接了菜单式的全咨项目，摆脱了单一的监理服务模式，实现业务多元化经营，走上高端咨询发展之路，至今已完成近百项全过程工程咨询业务，覆盖了从项目前期投资咨询到竣工审计的全过程。

公司研判自身发展全过程工程咨询的优势与短板，制定出转型升级的战略规划，基于优异的监理业绩，找准定位，提前布局，向监理上下游业务延伸，经过十几年的不懈努力，解决了人才、技术、经验等诸多问题，形成了如今的八个业务板块，进一步完善了全过程工程咨询产业链，提质增效成果显著。

业务资质也从最初单一的监理专业资质，晋升为工程监理综合资质，同时造价咨询、工程咨询、工程设计、测绘等多个业务资质也逐步就位，拿到了向综合型高端咨询企业转型的入场券。公司的八个业务板块以及多项业务高等级资质，为发展全过程工程咨询提供了广阔的空间，成为承德市全过程工程咨询领域业务最广、资质最全、业绩最优秀的品牌企业。

（二）调整人才队伍结构，打造全咨专家团队

监理企业转型升级、高端发展的最大障碍，就是缺少高端咨询人才，结构单一，难以适应全过程工程咨询的需求。承德城建的应对措施是：主动调整人才结构，大力引进培养高端咨询人才，建设适应全咨业务的专家咨询团队。

高端咨询人才是成功开展全过程工程咨询业务的决定性因素，公司通过开展员工队伍建设，树立人才战略，将打造一支懂技术、通经济、会管理、善协调、综合素质过硬的复合型人才队伍作为公司发展战略的核心。以优厚的待遇，引进高端咨询人才。重金激励员工学习深造，报考各类注册职业资格；"请进来、走出去"，聘请专家学者现场授业解惑，到国内外实地观摩考察，向同行学习交流；加强与高等院校、科研单位、大型设计咨询企业的联系，成立产学研基地，建立战略合作关系；公司领导和专家常年坚持以老带新的"传帮带""师带徒"传统，重奖带徒效果出众的优秀师傅；坚持每年举行"全员练兵大比武"活动，着力搭建年轻人学习成长平台，全面提高员工职业技能，营造人人学技术，个个比本领的学习氛围。通过待遇、事业、企业文化吸引人才，培养人才，留住人才，公司现已拥有50多名省级专家，100多名各类注册执业人员，形成咨询人才占全员半数以上的人力资源新格局。

（三）创新服务管理模式，打造全咨企业文化

承德城建首先提出以"打造一流的项目建设全过程工程咨询企业"为企业发展愿景，引导员工自觉向全过程工程咨询转型。通过创新监理服务模式，推行"大监理""全过程监理"，发挥监理的专业优势，更好地保障项目顺利进行，使业主广泛受益的同时，监理人员也逐步学习适应全过程管理和咨询模式，加快转型步伐。公司在河北省遵化市集中供热、中水及污水管网工程中开展"大监理"模式，充分发挥监理效能，有效控制了该项目的质量、投资和进度，取得业主高度认可，为企业向全过程工程咨询转型锻炼了队伍，积累了经验。

公司还提出"七个一""四要求""十不准"和"四责任"等创新方法，促进全过程工程咨询服务的规范化和标准化，其中：

"七个一"是指"学好每一张图纸，审好每一个方案，管好每一种原材，把好每一道工序，做好每一页记录，开好每一次例会，写好每一份监理文件"，这是公司为达到精细化管理，对每一名员工提出的"规定动作"，保证了员工在远离公司本部的各项目部，仍然保持工作程序和标准的一致性，成为全咨工作的"标准线"。

"四要求"指"拿图验收百分百，标高位置亲自量，严控商混水灰比，旁站监理不缺项"。这是将施工过程中易出问题的节点梳理出来，以引起现场员工的重视，避免发生低级错误，成为全咨工作考核中的"及格线"。

"十不准"是公司为规范职业行为，对吃、拿、卡、要，从事第二职业等严重违纪行为零容忍，任何有此类行为的员工，无论职务高低，一律解聘，成为全咨工作中不得触碰的"高压线"。

"四责任"是指"企业宣传人人尽责、企业营销人有责、企业发展人人履责、企业兴衰人人共责"，提高员工的归属感和主人翁意识，形成企业与员工的聚合力，激励员工有担当、有作为，共同为企业发展履职尽责，成为全咨企业发展壮大的"生命线"。

科技是技术服务型企业的核心竞争力，公司多年来通过制定科技赋能计划，采取适应当前企业需要的高科技手段，大力提高科技投入。增加无人机、先进的检测仪器设备等投入，用高科技提升全过程工程咨询服务质量；加强BIM碰撞、可视化建设，建设信息平台，提升业务数据汇集、分析和应用能力；推广办公自动化、远程化，充分应用远程会议系统，提高工作效率等，用高端科技的精细化管理代替人海战术的粗放式管

理，为全过程工程咨询插上科技的翅膀。通过实施清单管理、对标管理、品牌创建、员工谈心、业主回访等一系列具有企业特色的管理创新举措，为全过程工程咨询规范服务、提供优质服务作保障。

三、开展全咨业务的核心在于提高服务品质

全过程工程咨询为满足业主获得项目全过程集成化优质服务的高端需求，需要提供多专业服务资源，降低项目的投资成本，规避各种风险，使投资项目的价值最大化。这对全过程咨询企业提出了很高的要求，需要多个管理专业高效协调，多专业优质资源有效结合。监理企业要想顺利向全过程工程咨询转型，需要以强大的综合实力、丰富的管理经验和足够的专家人才取信于建设单位，培育出全过程工程咨询市场。

为此，承德城建20多年来秉承"服务一项工程，创建一个品牌，取得一份信誉，广交一批朋友，开拓一片市场"的经营理念，为业主提供贴心服务、增值服务、优质服务和高端服务，在开拓全过程工程咨询市场的过程中，取得了业主的信任、社会的认可和宝贵的经验。

（一）专业的人做专业的事，为业主提供贴心服务

全过程工程咨询团队作为业主的顾问和参谋，要做到"想业主之所想，急业主之所急"，根据公司提出的"把业主的工程当作自家的工程"服务理念，对标国优品质，为业主提供一站式、集成化的贴心服务。

公司承接的承德石油高等专科学校实训中心工程，是承德市公开招标的第一个项目管理+工程监理+造价咨询一

体化的全过程工程咨询业务。该工程是EPC项目，为固定总价合同。全过程工程咨询团队根据其特点，突出抓好设计管理、材料选用和认质认价工作，使固定的合同总价发挥出更大的效益。通过科技赋能，采用BIM技术进行防碰撞检查，发现图纸中存在的错、漏、碰、缺近百项，使设计得到及时修改。通过考察项目周边地质水文情况，结合地域气候特点，要求设计单位将基础标高上调2m，既节省了挖土及回填土方量，同时节省了地下水降水费用，合计节省造价上百万元。节省的造价经全过程工程咨询团队研究，用于提高装修品质，完善实训功能。最终，该项目荣获河北省建设工程"安济杯"奖（省优质工程），整体工程费用未超概算限额，项目按期竣工投入使用，获得了校方的高度认可。在当年全国石油系统高校规划与建设研究会上，现场全咨机构代表校方作了全过程工程咨询经验介绍，得到了与会高校领导的一致好评。

（二）技术与管理结合，为业主提供增值服务

全过程工程咨询只有适应市场，实打实地提高项目综合效益，才能焕发生机，蓬勃发展。

承德市天然气置换燃气管网改造工程涉及承德市近10万户居民，各类管道近400km，被列为承德市重大民生工程。承德城建承担了该工程的"项目管理+工程咨询+招标代理+造价咨询+工程监理"的全过程工程咨询服务。作为承德市首例大型燃气改造项目，施工单位多，作业面位于闹市区和居民社区，地下管网和各种障碍繁多，环境复杂，社会影响大。在没有可参考的大型燃气改造工程经验、系统完

整的技术规程情况下，全咨团队结合燃气改造工程实际，编制出《承德市室内燃气设施安装规程》《室内燃气管道严密性试验规程》等四个技术规程，作为承德市指导室内燃气改造安装的规范性文件，为相关工程项目提供了技术保障，填补了承德市燃气改造技术规程的空白。为控制好工程投资，全过程工程咨询专家们因地制宜地提出了多项优化方案，比如：在一期项目中调整管线路由、取消部分外爬水平管等设计优化，共减少各类管道超4000m；攻破燃气管道自闭阀无法可靠地对阀前管道进行严密性试验的技术难关，避免了4000套自闭阀门拆除更换，以及近6000套已购阀门退换货所造成的进度影响及经济损失。这些合理化建议，仅在一期工程中就为项目节省工程投资300余万元，实现了全过程工程咨询"1+1＞2"的增值服务效用。

全咨服务在节省投资、加快进度、完善使用功能上为业主提供的增值服务不胜枚举，为公司赢得了许多"回头客"项目，提升了全过程工程咨询服务的品质和价值。

（三）发挥专家团队作用，为业主提供优质服务

公司以多年培养出的高端咨询服务团队为依托，发挥全过程工程咨询统筹协调作用和公司专业齐全、经验丰富的优势，将每一项全过程工程咨询业务都打造为精品工程。

河北承德塞罕坝国家冰上训练中心项目作为备战2022年北京冬奥会的专属训练场地，为设计、采购、施工一体化的EPC项目，总投资2.5亿元，主场馆最大跨度79.7m，冰面总面积13338m²，是全国第一个亚高原冰上项

目训练馆，全国第一个集速度滑冰、短道速滑、花样滑冰、冰壶项目训练比赛功能于一体的"四合一"冰上运动综合体，亚洲第一大全冰面二氧化碳制冰场馆，全国第一个在深度贫困地区建设的冰上项目场馆，集"四个第一"于一体，自开工便受到社会广泛关注，中央电视台、新华社、河北卫视、北京日报等多家媒体先后多次进行报道。

该工程面临工期压力大、工作环境艰苦、功能特殊、工艺复杂、质量标准要求高以及项目资金到位迟缓等重点难点问题。承德城建全过程工程咨询团队秉承"牢记使命、艰苦创业、绿色发展"的塞罕坝精神，充分发挥专家团队的统筹作用，打通专业壁垒，使项目管理的"柔性管理"与工程监理的"刚性监督"相结合，刚柔并济，相得益彰，充分体现了全过程工程咨询的执行力和项目的协同力。

通过全过程工程咨询团队和参建各方的艰辛努力，13000余个冷冻管焊口探伤检测100%合格、150km的管道压力试验一次合格、近2万 m^2 的双层钢网架屋面一次顶升成功。工程按期交付使用，有效控制投资在国家概算指标要求范围内，并且在项目施工全过程中未发生一件安全事故，使得工期、质量、投资、安全四大目标全部得以实现，保证了冬奥备赛运动员按时开训。

该项目在当年度荣获"中国钢结构金奖"和"北京市结构长城杯"奖。承德城建全过程工程咨询项目部也获得了业主赠送的"优秀的管理团队，信得过的合作单位"锦旗。在向业主交上一份满意答卷之时，也为冬奥会筑基赋能做出了应有的贡献。

（四）找准市场定位，为业主提供高端咨询服务

对于从监理起步的全过程工程咨询企业来说，设计管理所需的人才、技术及经验始终是企业的弱项，公司积极补短板、强弱项，加强设计管理能力，积极向项目建设前端的投资决策阶段延伸，着力于投资决策综合咨询、设计管理服务，为业主提供项目前期高端咨询服务。

在承德市殡仪馆新建项目中，承德城建承担了由全过程项目管理、工程监理、全过程造价咨询组成的全过程咨询业务，该项目是承德市重大民生工程，同时纳入了河北省重点项目管理，承德市委、市政府领导高度重视，工期异常紧张、社会关注度极高，公司由常务副总率队组建起专业齐全、经验丰富、技术过硬的全咨队伍。进场之初，项目一无土地，二无规划，完全从零做起。其中不同性质的土地就有7种，必须逐一变更，全过程工程咨询团队抽丝剥茧，不分昼夜，攻坚克难，使转建手续比正常办理时限大大提前。

EPC项目的设计管理工作是重中之重。公司依托自有的设计部门，为全过程工程咨询的前端业务提供支撑。设计管理专家团队，对项目的规划设计、初步设计、施工图设计等环节充分论证，优化设计方案，反复核算调整造价成本，严格控制超概算、预控审计中可能出现的问题，圆满完成了设计管理工作。

在工程资金、工期都异常紧张的情况下，全过程咨询项目人员发扬不怕苦、不怕难的精神，通过精准预控、周密策划、挂图作战、有序推进，加强事前控制，合理使用资金，严格控制超概算风险，充分发挥了公司十余年项目管理经验和专家团队的技术优势，通过管理和

技术两个层面的服务，全过程工程咨询业务起到了"提高建设效率，节省建设资金，提升工程品质，有效规避风险"四方面作用，保证了项目按期顺利完成，实现了既定目标，得到了领导和建设单位的高度评价。

20多年来，承德城建牢牢把握市场脉搏，紧跟建设行业发展大势，不因取得了成绩和荣誉而停步，统合八个业务板块，形成贯穿全过程咨询服务的产业链，为近百项全咨业务提供了支撑平台，企业的素质、站位和格局有了质的提升，再一次焕发了勃勃生机。凭借科学、优质的服务，赢得了市场，更赢得了社会的良好赞誉。

承德城建工程项目管理有限公司转型升级、高端发展的实践证明，作为大型综合性监理企业，向全过程工程咨询转型是企业创新发展的必然方向。虽然在转型过程中，会遇到种种困难和挑战，但监理企业不应畏难不进，安于现状。只要充分树立信心，发挥自身优势，坚持走全过程工程咨询的道路，努力推动工程建设服务模式的创新发展，同国际工程咨询服务市场接轨，企业高质量发展之路必将越走越宽广。

全过程工程咨询作为一种新模式，还需在市场实践中探索和改进，以争取市场的认可。更需要有行业协会的组织和引导，树立行业领军企业作为典型模范，带动广大全咨企业齐心协力，共同开拓和培育市场。大型全过程工程咨询企业也应与专业企业之间通过建立信任合作机制，为共同目标和共同利益建立合作共赢关系，并由协会牵头，制定出适应全过程工程咨询业务特点的有序竞争的行业规则。

攻克技术难点、创新轨道交通工程监理工作经验总结

黄 灵

江西中昌工程咨询监理有限公司

摘 要： 公司自参与南昌地铁1号线02/03监理标开始，先后陆续承接了南昌地铁2号线03标、南昌地铁4号线监理02标，在2016年底又开拓了省外地铁市场，承接了福州地铁6号线03标监理业务。为了归纳提升监理的管控水平，特对福州地铁6号线监理03标在建设过程中的特点、重难点、工程创新及监理过程中出现的问题进行总结分析，为后续公司在地铁或其他项目施工中提供经验借鉴。

关键词： 重点难点；工程创新；成果总结

引言

福州地铁6号线是福州主城与滨海新城轨道交通联系骨干线，一期工程总长约31.3km，全线共设16座车站。

本标段原合同范围包括莲花站、莲花站—滨海新区站、滨海新区站、滨海新区站（下吴站）—壶井站、壶井站、壶井站—万寿站、万寿站、万寿站—尚迁站、尚迁站、尚迁站—漳港站、漳港站、漳港站—机场站、机场站，共7站6区间，具体桩号为ZK27+018.284~ZK41+111.444。因6号线规划调整，土建三标已取消万寿站—尚迁站、尚迁站、尚迁站—漳港站、漳港站、漳港站—机场站共2站3区间

工程，实际监理范围共5站3区间。

以上站点、区间全部处于福州市长乐区沿海地区，沿海地质气象特征明显、地下水位高、地质条件复杂，基坑安全管控难，技术要求高，施工风险较大。本文在学习福州地铁业主的管理经验和创新做法的基础上，对福州地铁6号线03标监理项目进行总结。

一、工程重难点及应对措施

（一）位于冲海积平原，抗渗漏管控难点

地铁车站渗漏水是常见现象，如何有效控制一直是困扰业内人士的一个难题，6号线土建03标车站全部分布在闽

江南岸冲海积平原地区，地表水体发育，分布少量小河涌，小河涌宽度10~30m，水深1~4m，车站基本被富水砂层包围，车站防渗漏难度更大。沿海地区水质对混凝土结构和钢筋的腐蚀性更高，渗漏对车站的危害更大，如何打造无渗漏车站是一个艰巨的任务。应对措施如下。

1. 审核施工单位围护结构施工方案、主体结构施工方案相关防渗漏措施是否到位、细致、有可操作性。

2. 施工阶段重点控制：地连墙工字钢接缝刷壁是否到位，地墙混凝土浇筑是否连续；土方开挖阶段地墙接缝处采取提前探挖措施，发现渗漏才能及时处理，不会酿成大问题；地墙基面处理平整，主体防水板施工质量才有保证；主

体施工阶段各种施工缝严格按图施工，重点做好基面清理；侧墙混凝土浇筑尽量跳仓作业，浇筑避开高温时段，养护采用土工布覆盖洒水养护。

3.审核混凝土配比设计、实验方案和计划是否有针对性。施工阶段重点检查施工现场和商品混凝土搅拌站：不定时抽查商品混凝土搅拌站，检查骨料、外加剂等是否符合配合比要求，抽查混凝土罐车是否有运输超时甚至路上加水情况；检查施工现场实验室、标养室是否合规，实验员专业水平是否合格，人员配备是否足够。

4.后期施工中若出现结构渗漏，督促施工单位制定缺陷处理专项方案，现场监理加强巡查，发现问题及时汇报，并上传至隐患排查系统。汇总巡查问题，形成问题责任清单，督促施工单位限期整改。

（二）壶井站围护结构施工难点

车站在围护结构施工过程中发现站体一半落在基岩凸起的山包上，而且花岗石强度很高，微风化岩层强度高达120~140MPa，施工进度受到严重制约。应对措施如下。

1.管理方面：发现进度苗头不对，监理部立即组织施工单位、业主召开进度专题会，分析原因，提出解决办法。

2.技术方面：听取多方建议，成槽设备不断更新换代，针对上软下硬地层、不同强度的岩层采用不同的成槽设备和不同的成槽工艺，有时一个槽要先后使用三四种设备。一般情况先用成槽机挖到硬岩，再用冲击钻或旋挖钻成孔，最后用冲击钻或方锤修整槽壁后成槽。

由于后期施工进度压力大，针对施工难度最高、入岩深度最大的6幅地连墙采取变更施工方案措施，即采用31根

φ1000的钻孔灌注桩替代6幅800mm宽地下连续墙，并在桩后设置两排高压旋喷桩止水，实践证明取得了较好效果，加快了施工进度，围护结构强度和抗渗效果也达到要求。

（三）下吴站—壶井站区间盾构穿越孤石基岩凸起地段工程难点

福州地铁6号线工程03标段下吴站—壶井站区间位于长乐区文武砂镇，单线延长1132m，采用盾构法施工。区间隧道存在4段孤石群及基岩地层（最长段137.9m），洞身地层强度最大可达132.4MPa，地下水丰富极易造成喷涌。土压平衡盾构机刀盘为6幅条设计。同时下穿河流，盾构掘进时，极易引起河底冒顶塌方、盾尾漏砂等问题，施工难度极大。应对措施如下。

1.管理方面：监理机构牵头带领盾构专监，督促施工单位制定《爆破处理区间隧道范围内基岩及孤石施工安全专项方案》，并经过专家评审。

制定方案前主要做好以下准备工作：对地质情况进行详细补勘，摸清基岩和孤石分部、尺寸情况，确定地面钻孔预爆破处理范围；此段区域有明渠，区间隧道需下穿，进行基岩处理前还需要对渠进行回填，为满足汛期要求，施工中按顺序对河道分两期回填；摸清基岩处理区域与周边建（构）筑物位置关系；摸清周边有害气体情况。

2.技术方面

（1）对RQD值小于25%的小粒径破碎状基岩或在盾构机刀盘转动时不随之发生转动的孤石，可采取盾构机直接破碎通过。

掘进参数的确定如下：

①推力确定：小粒径掘进中地层软硬不均，带压掘进推力一般保持在

1400~1600t，超过1700t对刀具的影响较大。

②扭矩确定：正常掘进过程中扭矩值在1.5~2.0MNm。

③贯入度确定：正常掘进中贯入度保持在8~15mm。

④刀盘转速确定：正常掘进中刀盘转速控制在1.0~1.3r/min。

⑤掘进速度确定：正常掘进中速度控制在15~30mm/min。

（2）设备保障：定期对设备进行维护保养，如注浆系统保养、油脂系统保养、泡沫注入系统保养、膨润土系统保养等，以保证盾构机整机的运转正常。

（3）渣土改良：在软硬岩中使用可降低刀具和螺旋输送机的磨损，防止涌水，一般在刀盘前和土舱内及螺旋输送机内注入含水量较大的泡沫。泡沫通过盾构机上的泡沫系统注入。泡沫溶液的组成：泡沫添加剂3%，水97%，而泡沫由90%~95%压缩空气和5%~10%泡沫溶液混合而成。泡沫的注入量按开挖方量及渣土实际情况计算，一般为300~600L/m³。

（4）对已探明的基岩及孤石，具备地面处理条件的，采用深孔控制爆破预处理的方法。

采用地质钻机钻孔，土层钻孔孔径、岩石钻孔孔径均为100mm，下放直径75mm的PVC套管，考虑到场地的特殊性，施工中增加130mm的空孔。

爆破要求：对已探明的"基岩带"，从地面采用地质钻垂直打孔，装药爆破隧道范围内的基岩，使岩石成为单边长度小于30cm的碎块，确保盾构机掘进时碎块通过螺旋机顺利出渣及正常通过基岩区段。爆破完成后利用地质钻孔检查爆破效果，如果取出的岩芯边长大于

30cm则要进行二次爆破，直到满足要求为止。

采取爆破施工和密打孔相结合的方法处理基岩、孤石，降低了盾构掘进的风险、破岩难度和换刀频率，减少了施工过程中盾构刀具的非正常磨损，提高了盾构掘进的效率。

（四）下吴站—壶井站区间下穿建筑物施工难点

下吴站—壶井站区间上部建筑物较多，该段区间下穿25处建筑物，隧道施工影响区域建筑物3处，且部分建筑物年代较久远。应对措施如下。

1.对涉及重大安全风险的施工项目，监理部高度重视，审核下穿建筑物专项施工方案，重点审核施工前人员、物资、技术、安全上是否给予充分的支持和保障；明确责任，严格按审批的施工方案实施。在盾构下穿建筑过程中，加强监理24h跟踪旁站，做好现场记录，发现问题及时汇报。

2.在施工前对沿线盾构施工影响范围内的建筑物进行全面调查，收集相关资料，制定重要建（构）筑物情况调查表，列出修建年代、建筑物位置、使用现状、基础形式、主体形式、房屋现状问题、现场照片等详细参数的清单。

3.加强监测，根据国内外盾构施工经验，结合该区间的具体周边情况，制定地表隆陷控制标准：单点隆陷范围＋10mm~–20mm。

掘进过程中，一方面加强对盾构掘进技术参数的控制，保证同步注浆量及注浆压力，根据测量沉降监测数据及时进行二次注浆，有效控制地面沉降，减小对周边建筑物的影响；另一方面加强对机械设备的维修保养，确保机械设备处于最佳工作状态，保证盾构掘进能够连续稳定，顺利通过建筑区（表1）。

4.保持开挖面稳定：因下吴站—壶井站区间含沙量大，为保护盾构及其刀具，不宜追求太高的施工进度。在此地层掘进必须控制掘进参数，推力不宜太大，刀盘转数不宜太快，刀具贯入量不宜太深。严格控制出土量，结合出土量，对注浆压力与注浆量进行双控。

根据地质条件，有针对性地向密封土舱和刀盘面板适量加注高质量的泡沫或膨润土，抑或其两种混合液等，以改善土体的和易性和塑性。

5.该区间在施工、监理人员的共同努力下，地面未发生大的沉降和房屋结构安全问题，取得了较好的控制效果。

（五）下吴站—壶井站区间开仓换刀施工难点

下吴站—壶井站区间有一段下穿全断面基岩，其地层上软下硬含有孤石，基岩强度很高，对刀盘磨损非常大，故需要经常换刀，换刀区域起始里程为XK29+160.500，结束里程XK29+378.800。应对措施如下。

1.管理方面

（1）督促施工单位制定全面的盾构换刀施工方案，对选定的开仓位置，进行地质环境风险辨识，选择合理的开仓换刀方案，包括常压开仓和带压开仓。

（2）制定盾构换刀地层加固施工方案、盾构停机带压换刀安全专项施工方案，并经专家评审后执行。

（3）针对每个换刀点制定有针对性的开仓方案。按照地铁公司盾构管理办法及条件验收相关规定，每个换刀点开仓前召开条件核查会，常压开仓可以在第二次开仓时对地层情况进行确定，无须组织大型条件验收会。

（4）监理批准开仓审批表→进仓准备工作→打开土仓门→有毒有害气体检测→观察土体稳定情况→总工确定是否进仓→进仓刀具检查及更换作业。

（5）开仓换刀期间，监理全程跟踪旁站，做好相关检查和记录。

2.技术方面

（1）为保证换刀地层密封性效果，须进行地面注浆加固，投入3套高压旋

盾构掘进技术的重难点及主要措施　　　　　　　　　　表1

序号	重难点	主要措施
1	近距离下侧穿建（构）筑物基础的沉降控制	（1）严格控制出土量，理论上每环出土量为48.4m³，考虑到泡沫等改良体积，每环出土量不能超过66m³，根据各项监测指标反馈指导盾构掘进参数。 （2）盾构施工前进行同步注浆配合比试验，通过试验优选泌水率小、初凝时间适宜的注浆配比。 （3）确保同步注浆量每环不少于6~7m³，且同步注浆速率与推进速率匹配，使同步注浆浆液能够有效填充盾尾建筑空隙。 （4）加密监测，每天上午、下午各一次，及时反馈监测情况，根据监测信息反馈，不断调整优化盾构施工参数，保证盾构开挖面的稳定。 （5）及时进行二次注浆补强，以减小盾构通过后土体产生后期沉降；控制地面沉降，每掘进3环进行一次二次注浆，并可根据地表监测情况加密。 （6）白、晚班安排土木技术员值班，24h不间断地对地表进行巡视，及时反馈地表和建筑物的异常情况
2	保证盾构下穿过程的连续性	（1）始发前严格对盾构机的各重要部件进行详细的检查并作系统性调试，请监理工程师和业主进行验收。 （2）对拌浆系统、出渣系统以及运输系统进行详细排查，并做好保养。 （3）备足盾构同步注浆和二次注浆的原材料

喷桩、1 套 WSS 注浆设备进行加固施工。孤石群与基岩爆破区域换刀点加固采用 WSS 工法注浆，浆液使用无收缩双液浆，该注浆材料具有不易溶解于地下水，对不同地层凝结时间可调及高强度、微膨胀等特点；其他区域换刀点加固采用高压旋喷桩围护及内部 WSS 注浆施工方法。盾构经过前 3~4 个月完成加固施工。

（2）根据区间上软下硬地质情况分段，每个区段设试掘进段，左线掘进长度为 105m，右线掘进长度为 179.4m，左线设置 3 个换刀点，右线设置 4 个换刀点。

（3）在盾构气压开仓检查前，首先做好盾构机停机准备工作；接着进行盾构机密封保护、衡盾泥置换泥水仓泥浆；然后完成盾尾止水环施工，最后进行气压开仓作业。

（4）作业人员应体检合格，并经专门的培训且考核合格后，方可上岗作业。

（5）开仓作业时，应做好地面沉降、工作面的稳定性、地下水量及盾构姿态的监测和反馈。

（6）人员在开挖仓内时，严禁仓外作业人员进行转动刀盘、出渣、泥浆循环等危及仓内作业人员安全的操作。

（7）开仓作业时，仓内应设置临时的上下通道，并保证进出开挖仓的通道畅通。

（8）撤离土仓前，应确认工具全部带出。

二、工程创新

在福州地铁建设过程中，各参建方积极应用新技术、新设备创新施工方法，提高了施工质量，缩短了建设工期，取得了较好效果。现将一些创新工作的做法总结如下：

（一）技术创新

1. 利用基坑降水收集循环系统做到节能减排

福州地铁 6 号线 03 标机场站在基坑降水、土方开挖及主体施工阶段采用地下水收集循环使用系统，将降水井内的抽排水，通过布置在防淹挡墙内侧的集水管，统一输送至设置在车站出入口附近的集水池内。收集的地下水，可以用作渣土运输车辆的冲洗、现场洒水降尘，达到节约用水、减排环保的目的（图 1、图 2）。

2. 使用液压伸缩臂抓斗提高基坑土方开挖效率

考虑到基坑土方开挖土质主要为砂土，采用普通长臂挖机容易产生掉渣、漏渣，且基坑内支撑布置数量较多，长臂挖机工作半径内工作面会受到支撑制约等问题，福州地铁 6 号线 03 标机场站选择采用液压伸缩臂抓斗配合小型挖机进行土方开挖（图 3、图 4）。主体基坑 4~5 层土方采用伸缩臂配合小挖机挖装，伸缩臂抓斗容量为 1.5m³，每挖装 1 车（每车按 24m³）约需 8min，1h 可装 7.5 车，单设备开挖的速度为每天 8×24×7.5=1440m³。采用液压伸缩臂抓斗，能够良好地避免装运过程中的掉渣，并且伸缩臂可以在长臂挖机受工作半径和开挖深度限制的特殊环境里工作，抓斗路径精准高效，可较简单地避开坑内支撑，降低开挖风险。

3. 采用喷射混凝土、砂浆抹面进行地连墙防水基面处理

本标段在建车站多采用地下连续墙围护结构，部分车站所处地层主要为砂层，在土方开挖后，地连墙基面通常并不平整，并带有附土（砂），会影响后期防水铺设质量。基于此，在建车站选择采用喷射混凝土、砂浆抹面的施工方法进行地连墙基面处理，处理完成后铺贴防水卷材。施工方法具体步骤：基面附土清理→基面凿毛→喷射混凝土→砂浆抹面→抹面平整度检查→抹面收光→铺设防水卷材（图 5~图 10）。该方法能够最大限度提升地连墙基面平整度，封堵地连墙部分渗水点，减少防水卷材和基面间的空隙，提高卷材铺设的平顺度和搭接质量，降低主体结构后期渗漏风险。

4. 采用自行式三角桁架定型钢模台车提升侧墙浇筑质量

为提升主体侧墙施工速度和质量，

图 1　防淹墙内侧接驳口

图 2　集水池内地下水循环利用

图 3　抓斗坑内取土

图 4　渣土装运

图5 基面附土（砂）清埋

图6 基面凿毛

图7 喷射混凝土

图8 砂浆抹面

图9 抹面收光

图10 防水卷材铺贴

福州地铁6号线03标机场站地下一层、地下二层侧墙支模架系统使用配有电动行走系统的模板台车进行施工，侧墙模板台车为自动行走，利用液压装置伸缩模板。模板台车由行走机构、台车门架、钢模板、钢模板侧向伸缩机构、液压系统、电气控制系统6部分组成。单台侧墙模板台车总长11m，模板高度通过主体结构设计图纸确定，保证与侧墙施工高度相匹配，侧面脱模油缸伸缩长度为300mm。台车通过双拼而成的模板反拉梁与板内预埋拉环连接，并根据台车侧向受力计算结果设置配重块和支撑杆（图11~图14）。

台车有足够的强度和刚度，在地锚、液压缸和支撑丝杆的联合作用下，能抵抗混凝土强大的侧向压力，台车不发生变形，各支点设计合理，每片钢模

接缝严实，避免蜂窝、斑点错台现象发生，混凝土密实，表面光滑、平整、美观。台车操作简单，免除了反复的模板安拆和吊装转运工作，布局合理，便于涂抹隔离剂，方便浇筑混凝土和振捣作业，减轻施工人员工作强度和吊装运转风险，从而加快了施工速度快，同时有效节约劳动力。

5. 严格控制钢筋间距及保护层厚度

为实现对钢筋间距和保护层厚度的良好控制，福州地铁项目在底板、侧墙、中板、顶板钢筋绑扎前，均先对钢筋外边线进行测量放线，利用线条和卡具保证钢筋布置间距均匀且横平竖直；现场结构板采用混凝土垫块控制保护层厚度，侧墙内侧保护层厚度设计要求35mm，在钢筋和模板间嵌填边长30mm的方钢进行保护层厚度控制。利用卡具和方钢能够在混

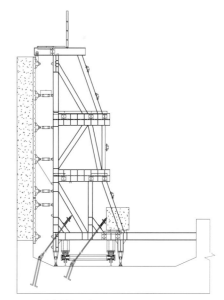

图11 台车侧面示意图

凝土浇筑过程中对钢筋起到良好的固定作用，避免由于浇筑导致的钢筋位置偏移。利用方钢控制侧墙保护层厚度，还能在侧

图12 台车现场施工照片

图13 台车模板拆除

图14 台车浇筑侧墙质量良好

图15 钢筋间距控制

图16 30mm方钢控制侧墙保护层

图17 浇筑后钢筋间距良好

图18 侧墙保护层和施工缝小台阶

墙施工缝位置形成小台阶,提高接缝的连接质量(图15~图18)。

(二)管理创新

1. 信息化管理手段

一是全面推广应用 BIM 技术开展项目管理工作,利用 BIM 三维模型进行场地规划,实现现场平面布置合理、高效;通过工艺可视化交底,利用 BIM 技术进行技术交底,将施工流程以三维模型及动画的方式直观立体地展现出来,提高培训效果。

二是在盾构管片上设置二维码。通过在管片生产时植入 RFID 射频芯片,利用手机 App 实现轨道交通盾构管片全程质量跟踪和信息管理,确保预制混凝土管片质量信息的可追溯性、可靠性。

三是对特种设备及大型设备采用数字化、信息化手段实行"一机一档"信息查询系统,通过手机 App 扫描查询设备出厂日期、合格证、进场报验等,从而实现可视化管理。

四是采用交互平台系统,强化质量过程动态管控,确保信息及时、准确、真实传递。

福州地铁信息化管理走在全国前列,尤其是"福州地铁智慧管控平台"App 的推行,实现了视频管理、信息发布、应急管理、风险管理、隐患排查、工点考勤等全方位管理。监理不用下发纸质监理通知单,发现问题只需登录 App 隐患排查,输入相关问题信息,施工单位相关责任人便会收到整改短信,问题的发布、整改、复查、消除都在 App 上走流程,并可自动生成监理通知单。

2. 狠抓标准化建设

福州地铁全面推行标准化管理模式,按照标准化管理手册统一开展建设、规划施工现场,统一施工便道标识等;结合长乐区地处海边、台风影响大等特点,科学设置工地围挡。根据工程的施工工序特点,制定统一的工序作业标准,规范施工行为。实行车站、盾构施工场地标准化验收制度,以达到提升工序质量的目的。

3. 制定关键工序影像归档制度

福州地铁 6 号线开工初期,为进一步加强福州地铁工程安全质量管理,监理部协助地铁公司制定了《关键工序影像归档管理规定》,按照关键工序编制详细影像记录台账,规范了各施工、监理单位在影像归档工作中的行为。

跨国油气长输管道建设项目管理模式创新探讨

——以尼日尔—贝宁原油外输管道项目管理实践为例

任晓春　段宏亮

北京兴油工程项目管理有限公司

摘　要：跨国油气长输管道建设项目须采取分国分段的建设和运营模式，本文通过油气行业主要项目管理模式对比分析，以尼日尔—贝宁原油外输管道项目管理实践为例，探讨全线统一的跨国油气长输管道建设项目管理模式创新，以解决项目设计和主要设备全线统一等方面的问题，确保建设质量、进度和投资总体受控，减少项目运行风险和降低运营成本。

关键词：项目管理模式创新；跨国管道；尼日尔—贝宁原油外输管道；全线统一管理

引言

跨国油气管道建设运营模式一般有三种：一体化模式、管道独立运营模式和分国分段建设运营模式。跨国长输管道涉及资源出口国、运输途经国和资源进口国等诸多国家和地区，由于资源国、过境国的法律及利益诉求不一致等诸多原因，一般会在资源国采用上下游一体化建设运营模式，而在过境国采用分国分段建设运营模式。由于政治制度、法律和监管规定各异，加上股东、承包商等项目利益方诉求各异等多方面原因，要实现整条管道设计和主要设备统一，往往会有很多障碍、制约和不确定因素。而设计和主要设备统一，不仅是管道建设质量、进度和安全的保证，更是减少运行风险和降低运营费用的重要手段。

本文通过对主要项目管理模式进行对比分析，以尼日尔—贝宁原油外输管道（以下简称"尼贝管道"）项目管理实践为例，探讨在分国分段建设运营模式下，项目管理模式创新在跨国油气长输管道项目管理中的运用，以解决项目管理、设计和主要设备选型的全线统一问题，确保项目建设质量、进度和投资总体受控，减少项目运行风险并降低运营成本。

一、项目管理模式对比分析

当前，在国内外石油化工工程建设领域，项目管理模式主要有四种：PMT[①]+PMC[②]模式、PMT+PMC+监理模式、IPMT[③]+TPI[④]/监理模式、业主＋监理模式。其中，TPI侧重设备生产过程监造和现场设备安装监督；监理侧重现场施工监督。

在PMT+PMC模式下，业主负责项目关键决策，管理PMC；PMC代表业主独立进行项目设计、采办、施工、调试和质保期全过程管理和监理。PMT+PMC模式的优势是责任界面少、风险管控强、资源投入少；劣势是该模式主要由PMC驱动，管理费用较高。该模式主要适用于工程界面较多、工艺复杂、投资较大、工期不紧、业主团队较小的项目，但是PMC应有高水平的

---

① PMT：英文project management team 的缩写，一般指业主项目管理团队。

② PMC：英文project management consultant 的缩写，一般指项目管理咨询承包商。

---

③ IPMT：英文integrated project management team 的缩写，一般指PMC 的人员加入PMT 团队，组成融合性的项目管理团队，共同对项目进行管理。

④ TPI：英文third party inspection 的缩写，一般指第三方监督检查承包商或第三方质量监督检查机构。

设计管理和费用控制能力，以及完善的管理体系和高素质队伍。

在 PMT+PMC+ 监理模式下，业主负责项目关键决策，管理 PMC 和监理；PMC 负责项目全过程管理，不包括施工现场监督；监理承包商负责现场施工监督。PMT+PMC+ 监理模式的优势是较其他模式各种管理要素风险分配较均衡，管理较全面深入；劣势是由于决策链较长，决策反应最慢。该模式主要适用于工程界面较多、专业施工技术要求高、工期要求不高、业主团队较小的项目。同时，PMC 应有较强的项目整体管控能力；监理单位必须有类似项目的专业施工监理经验和队伍。

在 IPMT+TPI/ 监理模式下，业主整合第三方项目管理人员，共同负责项目决策和全过程管理；TPI/ 监理负责设备监造和施工监理。国内采用监理模式较多，主要负责现场施工监督；国外采用 TPI 较多，主要负责驻厂设备监造。IPMT+TPI/ 监理模式的相对优势是决策反应较快，管理费用较低；但最大的劣势是责任界面较多，业主协调工作量大。该模式适用于工程界面较少、物资采办要求较高、工期较紧、业主管理团队相对完善的项目。因此，业主要有较为完善的管理体系、流程和制度，IPMT 人员要有较高的管理水平和专业知识。

在业主 + 监理模式下，业主独立负责项目全过程的决策和管理工作；监理承包商只负责现场监督检查工作，对施工阶段质量安全负责。业主 + 监理模式优势是决策流程最短、反应最快，劣势是业主需要有较为完善的组织机构和管理人员，不利于后期安置。该模式主要适用于工程界面较少、施工要求高、工期较紧的项目，且业主要有较高水平的管理队伍、完善的管理体系和制度，以及类似项目的管理经验。

项目管理模式的选择，主要根据项目类型、项目建设和发包模式要求、投资方 / 建设方管理资源投入与业主团队组建情况来综合考虑。四种模式中，在 PMT+PMC 模式和 PMT+PMC+ 监理模式下，项目主要由 PMC 进行驱动。在 IPMT+TPI/ 监理和业主 + 监理模式下，项目主要由业主驱动。对于跨国油气长输管道项目来说，如何对管道全线进行全过程的统筹管理，确保业主决策信息收集充分和指令传递快速保真，保证项目质量、工期和投资整体受控，减少后期项目运行风险和降低运行成本，是选择项目管理模式关键所在。在跨国油气长输管道项目的分国分段建设模式下，无论是项目前期还是建设期，业主都不可能组建完善的管理团队。但是，为了保证项目能整体受控和全线统一，项目必须由业主整体把控和驱动。因此，如何引入高水平的项目管理团队，实现管理模式创新，是跨国油气长输管道项目管理需要考虑的核心问题。

二、尼贝管道项目管理模式实践探讨

（一）项目概况

尼贝管道线路工程起点位于尼日尔迪法省内阿迦德姆（Agadem）油区库莱勒（Koulele）首站，终点位于贝宁塞梅（Seme）港海洋终端，横跨沙漠、戈壁、稀疏林、沼泽地、热带雨林，全长 1950km，其中尼日尔段 1275km，贝宁段 675km，包括两条 15km 海底管道和 SPM① 系统海洋工程。

（二）管理模式

由于项目主体线路长、地域跨度大，具有技术要求高、工期紧、实施难度大、安全风险高等特点，且海洋工程的勘察测量、原油拖泵和 SPM 系统的设计制造不得不依赖于欧美公司技术，为了保证工程建设质量、工期、投资和 HSSE 总体受控，尼贝管道采用了"IPMT（PMC）+TPI+EPC"四位一体、三级管控的项目管理模式。其中，业主为工程建设决策主体；PMC 作为业主对工程管理的延伸和细化，同时保证在专业上具有一定独立性；TPI 负责驻厂监造和现场施工监督；EPC 承包商作为工程建设实施主体。

在两个管道公司成立前，由业主对项目进行统一和整体策划、组织和管控，但由于 PMT 人员较少，PMC 人员融入业主团队，成立 IPMT。两个管理公司成立后，确立了"一项层 + 两国别 + 三体融合"的管理模式，建立了矩阵式 IPMT+PMC（质控部）+TPI 的管理体系，确保"三体"界面零距离，指令传递零变形，实现两个国别公司各职能部门的统一协调、联动同效，对参建方进行管理监督。其中，决策主体为业主，对两个国别公司和尼贝管道项目的建设进行统筹决策和管理；管控主体为国别 IPMT 部门；监督主体为 TPI。

（三）前期策划

在项目前期策划中，围绕"三个三个"进行了整体部署。即三个理念：全

---

① SPM：英文 single point mooring 的缩写，指海洋工程船舶通过单点形式系泊在另一个固定式或浮式结构物上，船舶围绕该结构物可以随风浪流作 360° 回转，停泊在环境力最小的方位上，并具有流体输送功能。在尼贝管道项目中，主要用于固定油轮，并为油轮输送原油。

线共享理念、上下游和甲乙方一体化理念、国际化理念；三个关键：海洋工程勘察测量、SPM 采购安装、原油拖泵采购安装；三个目标：全线管理统一、全线设计统一、关键设备统一。同时，设立了四个项目管理原则：合规原则、统筹原则、效率原则、质量原则。在此基础上，进行了以下 5 个专项管理策划：

1. 完善制度，建立体系。分析跨国管道管理特点，编制各部门规章制度、IPMT 联合管理体系文件。根据项目国际化程度高的特点，建立包括工程设计、物资采购、QHSE 管理、社会安全风险管理、承包商考核等在内的 83 项目管理体系和部门管理制度。

2. 统一招标，分设条款。为确保项目实施的整体性和连续性，全线统一招标、分设条款、分签合同。首先厘清工程、管理和资产界面，按国别设置编制合同条件；然后，深入研究两国的法律、法规、税收政策、政府间协议，确保项目合同界面清晰和衔接，保证授标后合同的拆分和建成后固定资产顺利验收和移交。其中，PMC 招标和初步设计采用统一招标形式，保证了项目管理和全线初步设计分别由一个管理咨询商和一个设计承包商来履行。

3. 详细设计，合同转让。由于上下游同时开工，且尼日尔、贝宁两国资源奇缺，为了最大化地整合承包商资源，EPC 划分了多个标段。为了保证全线详细设计统一，详细设计先行于 EPC 统一进行招标，按 EPC 标段划分合同包，EPC 授标后进行合同转让，不仅保证了全线详细设计由一家设计院完成，也减少了业主管理界面，保证详细设计和施工统一。

4. 关键设备，统一采购。原油拖泵、SPM 和大口径阀门等关键设备由业主自行采购，全线统一国际招标，优先考虑质量和性能保证，以确保项目能高质量顺利建成投产，建成后管道系统能在撒哈拉沙漠地区的恶劣工况下长期稳定运行。

5. 主要设备，联合采购。对于由 EPC 承包商采购的对全线建设质量和后期运行有较大影响的设备，列出清单，由 EPC 承包商采用联合采购的方式，以减少备品备件、降低运营风险和运营成本。

（四）设计管理

PMC 人员除了融入 IPMT 团队外，还成立了全线统一的设计管理审查团队，对初步设计和详细设计进行统一管理和审查。团队主要采取会议集中审查和在线审查方式，审查人员由国内和国际知名专家组成，并设置专门人员跟踪进度并进行质量管理，严格进度管控、质量控制和标准文件管理，进一步从过程中保证全线设计的统一，为采购和施工统一奠定了基础。

（五）采办管理

项目根据相关管理规定，结合尼日尔和贝宁法律、法规以及与两国政府签署的管输协议和东道国协议，制定了《采办管理程序》《招标委员会章程》《物流管理程序》《库房管理程序》和《承包商管理程序》，严格按照管理要求履行报批，确保采办合规。针对 EPC 承包商，编制了《EPC 分包管理办法》《EPC 物资采购管理办法》《联合采购实施管理细则》等管理程序，对乙方采购过程进行全过程管理，严格分包商和供应商报批制度，确保分包商和供应商资质和能力，以避免因分包商资质能力问题延误工期，并保证重点设备能全线统一。

（六）施工管理

施工期间，优化了 IPMT+PMC（质控部）+TPI 三级融合管控模式。同时，积极探索多国多文化的融合方式，审查优化 INTERTEK 管理体系文件，确保三级管理体系的整合和全线管理的统一。

（七）合同管理

以合同管理为中心，贯穿项目全生命周期、全流程闭环管理的理念。从业务需求提出、方案制定、预算审批、采购招标、合同签署、合同执行到合同关闭，在管理上转变观念、明确责任，确保整个过程合规、可控、受控。在前期策划中，认真研究资源国、过境国与项目建设相关的法律、法规及项目协议，厘清各合同包的工作范围和逻辑关系，精心策划合同模式和合同条款。在项目执行期间，以合同为依据，编制了《变更索赔管理实施细则》，面对外方高额索赔，根据合同条款，有理有据，驳回了不合理索赔请求，保证了项目顺利执行。

结语

尼贝管道项目根据项目特点、难点和业主资源情况，秉持了中石油甲乙方一体化优势理念，为确保全线近 2000km 管道项目的顺利实施和后期稳定运行，项目管理人员不断优化界面、流程、体系，整合国内、国外资源，摸索出了 IPMT+PMC+TPI 的三级融合创新管理模式，组建了高度国际化的管理团队，确保了业主重大决策正确，指令传递不走形、实施执行不变样，实现了业主对项目的全过程管控和全线统一管理，保证了项目质量、进度、投资和 QHSE 整体受控，对于跨国油气长输管道建设管理具有借鉴意义。

建筑工程监理与施工技术创新应用

梁红顺　苏广明

中核（山西）核七院监理有限公司

摘　要：建筑行业经过迅速发展，传统的施工模式已经无法满足现代建筑的要求，为了确保施工质量，建筑监理应运而生。监理是一项有偿服务，有着较高的技术含量。本文涉及项目根据涉核工程放射性下水排放前期未采用双壁玻璃钢管道现状及戈壁滩地区紫外线强、昼夜温差大、输送距离远等特点，采用文字描述和图示相结合的方式，着重描述双壁玻璃钢管道产品特点、接头工艺及管道试压方法，从人、机、料、法、环等方面进行分析，如何有效地控制双壁玻璃钢管道的施工质量。本文旨在加强监理企业技术创新和完善服务，建立健全的监理制度，提高监理人员专业水平，从而更好地为我国建筑行业服务。

关键词：建筑工程；创新关系；双壁玻璃钢管道；长输管线；承插胶接；手糊连接；试压

引言

在建筑工程中，承包方、业主与监理方紧密相连，三者之间应相互促进且地位平等。工程监理的资质管理主要为"双重模式"，它既管理着企业内部的资质，又监管着相关管理人员的资质。随着我国核能工业的不断安全发展，对放射性废物处理新技术的需求也越来越迫切，废液输送是废液处理中的重要环节之一，而废液输送过程可能对环境造成二次污染，因此，其设施安装质量的重要性不言而喻。传统的放射性下水（以下简称"特下水"）输送通常采用不锈钢管道，为防止输送过程不锈钢管道出现渗漏或腐蚀，一般采取混凝土结构加不锈钢衬里封闭式管廊对特下水管道进行

保护，其造价成本高，施工工期长，不适用于长距离输送。双壁玻璃钢管道耐腐蚀、耐酸碱、耐辐照及双壁结构不易渗漏的特性使其成为特下水输送管道的优选材料，作为一种特下水输送新材料，有较高的研究价值。

一、双壁玻璃钢管道简述及主要特点

（一）简述

某专项工程特下水输送管道采用两根内壁 DN150、外壁 DN250 的玻璃钢双壁管道，双壁壁腔间隙不小于15mm。敷设方式为室外直埋，单趟管道长度为12km。玻璃钢双壁管道输送介质为特下水，含有少量泥沙及酸碱性物质，放射

性水平总 α 不大于 4Bq/L 且总 β 不大于40Bq/L。介质温度为 6.5~26℃，管顶覆土为 2~3m。

双壁玻璃钢管的基体材料是有机高分子材料，结构层采用玻璃纤维在成型芯模上连续缠绕而成，玻璃钢双壁管道内管的内、外壁，外管的内壁均有防腐层。内防腐层厚度应不小于2.0mm，外防腐层厚度不小于1.0mm。树脂及增强物料的重量比为 9∶1。增强物料为 "C"级玻璃毡。管道外管的设计压力等级为0.6MPa，试验压力 0.9MPa。双壁玻璃钢管道内管采用承插胶接连接，外管采用手糊连接。

（二）主要特点

耐腐蚀性能好：原材料使用高分子的玻璃纤维和树脂进行加工，可以有效

抵抗酸碱性物质，用于污水及废水处理管道时，可保证管道长期畅通。

抗老化性能好：管道外表面添加有紫外线吸收剂，用来消除紫外线对管道的辐射，可长期露天摆放，不易出现老化。

水力条件好：管道内壁光滑，糙力和摩阻力很小，糙力系数为0.0084，相对于铸铁管和混凝土管，其输送能力最强，采用同等内径的管道，玻璃钢管道可比其他材质管道减少沿程压头损失，从而节省泵送费用。

二、工程监理与施工技术之间的关系

（一）施工技术和工程监理相辅相成

在工程建设过程中，施工单位和监理单位都要通过一定的手段来达到建筑产品质量提升的目的，所以我们应当对技术在工程项目中的作用和地位有一个正确的认识。在建筑工程建设中，工程监理发挥了重要作用，监理单位需要根据建设单位的要求严格检查设计方案、图纸、施工技术等各个项目和环节，并且指导和调度施工现场，发现并监督改正施工中的问题。例如现场一旦出现紧急状况需要第一时间做好协调，进而保证人员、资金、设备等调度的顺利完成。此外，施工监理能够辅助施工技术的良好落实，同时施工技术能够将现场监理工作的压力减轻，二者共同确保施工工作的顺利开展。科学的施工技术是高质量施工和实现建设目标的基础和前提，只有施工技术科学合理且可行监理单位才能够更好地管理和预测工程施工过程，进而确保工程质量、进度和安全能够达到预期要求。

（二）工程施工技术和监理需要协调发展

协调管理是建筑工程施工中的重要工作，其中包含管理和技术两个主要方面。关于管理，想要保证工程质量能够达到预期的目标和要求，前提是具有一个科学的管理制度，在监理工作过程中也要通过及时发现并解决建设中的问题才能够实现监理工作价值。在建筑工程建设中，监理人员应当科学管理各个项目，加强各个部门的联系沟通，确保各方为实现最终建设目标共同努力，协调开展工作。

（三）增强建筑监理的有效对策

对于施工现场的监督和管理，监理是保证建筑工程施工顺利开展的基础，应当制定安全生产责任制度体系，进而以该体系为基础提升施工质量、提高技术水平。施工管理人员应严格遵守安全生产制度体系中的规定，确保安全施工及施工质量。在工程施工前，对所有参与人员进行质量安全培训，确保员工能够履行自身的安全职责，进而保证工程施工的安全性，避免出现安全事故。机械设备的应用可以节省施工工作量，缩短施工时间，但同时也带来一定的安全隐患。为此，监理人员应当加强对现场机械设备使用情况的监督管理，应当确保操作人员是持证上岗，逐一排查机械设备是否存在安全隐患问题，监督相关工作技术人员做好设备的维护保养。

三、施工过程监理控制工艺及应用难点分析

（一）双壁玻璃钢管安装

1.双壁管内管承插胶接连接

承插胶接属于刚性连接，为增强接口的长期使用安全系数，管道承插胶接后，须再外包覆手糊玻璃钢，所用密封胶为高强度胶粘剂。

两根需要承插的管道，需调水平，保持同心。承插时，将胶粘剂双管进行等距离推进，推出的双组分液体正好混合比例要求，充分搅拌均匀，挤出胶时，在插口锥面采用"Z"字形涂抹，再用干净的锯条（锯齿2mm高）或木片刮平，承口锥面用刮板抹平。涂抹时，插口前端可以适当多涂些，要涂抹均匀，厚度根据空管配合间隙大小调整，对准并组装待粘接的承插头，把插头插进承口，需尽量保证同心，管道对口顶紧（图1、图2）。用塞尺测量胶层厚度。管道需紧配合粘接，承插口界面不得有可以活动的间隙，承口端部一圈必须要有少量胶挤出，挤出来的胶用手沿承口端部抹一圈并抹平。对连接到一起的管道必须采用紧绳器拉紧，对接头进行紧持。

2.管道外壁手糊连接施工工艺（图3、图4）

（1）切割打磨。根据图纸，找出需

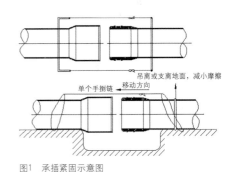

图1 承插紧固示意图

图2 内壁承插胶接实物图

对接的管道，并检查其规格、长度、压力等级与设计要求是否相符。在需切割处用记号笔画好切割线，用装有金刚石锯片的角向磨光机将需胶接的部位切开，切口应平整，切割尺寸误差不大于2mm。根据对接宽度将需胶接的地方用装有软片砂轮的角向磨光机进行打磨，切口应磨到内衬层（内衬厚度1.5~2.0mm）。

（2）对接定位。将两对管道接头推紧合缝，对正找平，使中间的离缝尽可能地小，并用水平仪检查管线是否水平，轴心线是否在同一直线上，方向是否正确。

（3）配胶。树脂配方由生产厂家提供，在配制前，安装者应根据当时的气温条件进行凝胶试验，确定树脂与引发剂、促进剂的配比。凝胶时间以20~45min为宜，以整个工序操作完成后30~60min固化为好。配制时，应先用秤称量或用量杯准确量取树脂并加入促进剂（钴盐），搅拌均匀后再加入引发剂。为防止未操作完毕，树脂提前固化，可分多次配制。

（4）封口。在接缝处，刷上内衬树脂，铺上表面毡，将浸好胶的长丝绕在对接的缝隙内。然后，铺放两层短切毡，短切毡应铺满整个搭接面，并用毛刷和辊轮使之浸润充分、滚压平整、无气泡和皱纹。

（5）糊制。待封口固化后，检查封口质量，有无气泡、裂纹等缺陷。如有，则需打磨修复。用打磨机将对接面打毛，将整个对接面刷上一层胶。根据工艺单规定的搭接宽度和铺层顺序铺放短切毡，缠绕玻璃布，每缠一层，用毛刷蘸上树脂，使之浸透，用辊轮滚压，赶尽气泡并抹平，不得留有皱纹、未浸润等不良情况。糊制时，对接口两边应平整整齐，

不能一次铺放两层以上的铺层，每层都应用压辊滚压。凝胶前，留有专人看管，以防流胶。流胶处要及时补胶。胶淤积的地方，用毛刷抹匀，直至凝胶。

（二）双壁玻璃钢管管道试压

1. 内壁管道试压方法

首先将玻璃钢管法兰手糊连接到需要试压的管道两端，两头分别和钢盲板及试压盲板连接，螺栓拧好，然后开始灌水。管内灌水时，应缓慢充水，以免产生水锤。此时，应打开管道各高处的排气阀，待水灌满后，关闭排气阀和进水阀。

采用电力试压泵试压，压力应逐渐升高。加压到一定数值时，应停下来对管道进行检查，无问题时再继续加压。升至强度试验压力的时间不得低于1h，以减少冲击力。本项目试压按0.6MPa、1.0MPa、1.6MPa三个层级进行，每个层级保压5~10min（图5）。

当压力达到强度试验压力时，停止加压，观察10min，若压力降不大于0.05MPa，管体和接头处无可见渗漏，

便将试验压力降至工作压力进行密封性试验，稳定1h，并进行外观检查，不渗漏为合格。

在气温低于0℃时，必须有防冻措施，可用温水（30~40℃）进行试验。试压完毕，应立即将管道缓慢泄压，并将内管里面的水全部排净后，切除两头试压法兰，尽量在原接口切除。

2. 外壁管道试压方法

内管试压合格后，为避免外管进行试压时形成负压，将内管泄压至工作压力后，须进行外管试压注水。外管试压时，保持内外管呈满水状态。

试压前，将试压段外管两头接加长玻璃钢法兰，法兰面超过内管端口至少50mm，如图6所示，两头分别连接压力表管路和注水管道，然后连接外管上法兰进行试压。

再次采用电动试压泵加压，压力应逐渐升高。加压到一定数值时，应停下来对管道进行检查，无问题时再继续加压。升至强度试验压力的时间不得

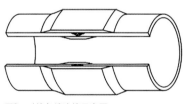

图3 对接包缠连接示意图

图4 对接包缠连接实物图

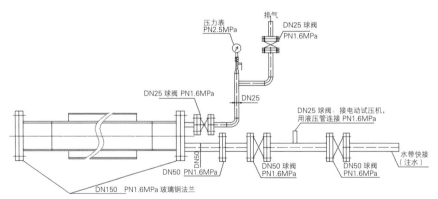

图5 内管试压管路示意图

低于1h，以减少冲击力。外管试压按0.3MPa、0.6MPa、0.9MPa三个层级进行，每个层级保压5~10min。

当压力达到强度试验压力时，停止加压，观察10min，若压力降不大于0.05MPa，管体和接头处无可见渗漏，便将试验压力降至0.6MPa进行密封性试验，稳压1h，并进行外观检查，不渗漏为合格。

其余试压步骤及注意事项同内壁管道。

（三）应用难点分析及措施

双壁结构保证了在内壁管道发生破裂或者出现漏点后，特下水会泄漏到外壁管和内壁管中间的壁腔内。如何检漏到该部分漏液是应用过程中的难点。每隔500m设置一个集液井，将废液检漏装置设置在集液井中，内管泄漏的废液通过外管流到集液井中的检漏装置中。该检漏装置中设有液位报警装置，在液位高于报警值后，通过信号线将报警信号传输至控制中心。

管道一次连接分段太长，戈壁滩地区昼夜温差大，设置伸缩缝位置不合理，热胀冷缩引起应力无法释放，在接口糊口位置强度上来之前因热胀冷缩应力影响导致糊口不严实。在敷设过程中，一次接口管段在覆土前不能太长，以500m为一段断开作为伸缩缝，尽量利

用早晚时间开展糊口连接作业，尽量消除昼夜温差大的不利影响因素。

由于管线一次连接过长，且施工区域为场外，未设置有临时用水管线。在试压过程中一次注水量较大，升压过程中会出现水压压力过大将试压管线顶飞的现象。解决措施为在试压临时管线设置混凝土配重后背。

四、和传统特下水输送方式对比

传统特下水输送采用混凝土结构加不锈钢衬里封闭式管廊的模式。以某工程为例，管廊加不锈钢覆面的造价约为16万元/m，平均绝对施工周期约为10天。双壁玻璃钢管道施工的造价约为2万元/m，平均绝对施工周期约为2天。通过对比分析，采用双壁玻璃钢管能够节约成本，缩短施工周期。但是，双壁玻璃管道由于其连接方式为承插胶接加手糊连接。对作业人员的个人技能要求较高。

结语

随着我国社会经济建设不断深入，建筑已经成为一个现代化程度的重要衡量标准。在现阶段大量的建筑项目当中，

建筑施工管理是很重要的一个环节，科学合理的建筑施工管理体系可以有效提升建筑工程的产品质量，也对整个建筑公司的经济效益产生很大影响。双壁玻璃钢管道材料性能及其双壁结构特点适合特下水长输管线工程的应用，相比传统不锈钢管道加不锈钢衬里管廊输送方式，采用直埋双壁玻璃钢管道能缩短工期、节省成本，其耐酸碱环境特性能有效延长管道使用寿命。双壁结构相当于双保险，内壁管道发生渗漏时，外壁管道作为屏障，能够减少特下水渗漏。

双壁玻璃钢管道内外壁管口连接质量尤为重要。要严格按照工艺规程进行连接，外壁手糊施工工艺，对工人的操作技能要求较高，操作不慎就会出现渗漏。玻璃钢双壁管道为内压管，在使用中尽量避免抽真空或出现负压，管道输送的介质、温度、压力必须与设计规定的指标相符。西北地区昼夜温差大，紫外线强烈，管口连接施工时要根据天气情况采取遮阳防晒措施。在施工过程中监理要加强过程控制管理，每道工序按照设计要求及施工工艺要求严密把关。

参考文献

[1] 纤维增强塑料用液体不饱和聚酯树脂：GB/T 8237—2005[S].北京：中国标准出版社，2005.
[2] 给水排水管道工程施工及验收规范：GB 50268—2008[S].北京：中国建筑工业出版社，2009.
[3] 张旭，戴云.玻璃钢管道在核电厂循环水系统中的设计及应用[J].中国核电，2014（4）：297-301.
[4] 杜东照，胡学俊，贾彩艳，等.玻璃钢夹砂管道在新沂市尾水导流工程中的质量控制[J].水利工程建设，2020（6）：70-72.
[5] 宿鹏飞，金立群，袁伟，等.玻璃钢管道常用连接方式及堵漏维修方法[J].中国石油和化工标准与质量，2021（14）：135-136，139.
[6] 李学才，高宝永.建筑施工管理与绿色建筑施工管理分析[J].施工技术（中英文），2014（S1）：480-481.

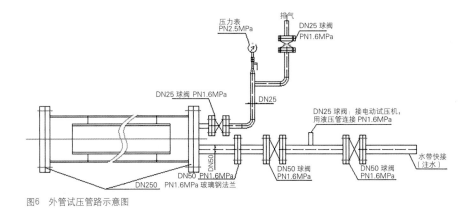
图6 外管试压管路示意图

信息化建设

基于 BIM 技术的信息化管控实施方法

——信息管控平台在预制节段拼装法城市高架施工中的应用

何晓波

江西中昌工程咨询监理有限公司

摘　要：南昌市洪都大道快速化改造工程率先在市政高架上全面采用预制拼装法施工。本文以洪都大道快速化改造工程为背景，阐述了预制节段拼装法桥梁施工特点和节段梁信息管理难点。为有效解决预制节段拼装法桥梁施工带来的管理难题，项目引进了信息管控平台。文中介绍了该项目信息管控平台的系统开发原理、功能及其在项目建设中的应用优势，并对信息管控平台在建设工程管理中的重要作用进行了总结。

关键词：信息平台；预制拼装；装配式；城市高架

引言

近年来，国家不断推出装配式绿色施工概念，并对装配式施工的建设进程提出了明确要求。住房城乡建设部在《建筑产业现代化发展纲要》（征求意见稿）中提出，到 2020 年，装配式建筑占新建建筑的比例 20% 以上，到 2025 年装配式建筑占新建建筑的比例 50% 以上。受信息化管理起步晚、水平较低等因素影响，市政工程建设的信息化管理发展缓慢，无法高效、规范和有效解决信息化管理中存在的问题，迫切需要通过科学的信息化管理手段，提高建设项目管理水平。目前，绝大多数发达国家已运用先进的计算机通信技术实现了市政项目建设信息化管理，提高了信息传递速度，提升了工程建设效率。而我国不少市政工程建设项目也开启了信息管控平台系统建设，但使用效率均不高。

为响应国家政策，市政建设工程也逐步开始实施装配式施工，南昌市洪都大道快速化改造工程就是典型的装配式施工项目。该施工项目的装配化程度要求较高，上部结构全部采用预制节段拼装法施工。为实现精确、快速、有效的针对节段梁预制与架设的海量数据管理，本项目引进了信息管控平台。

一、工程概况

南昌市洪都大道快速化改造工程主要是在洪都大道的现状基础上，按城市快速路标准进行改造。项目北起洪都大桥，南至井冈山大道，全长约 7.6km，标准段道路红线宽度 50m，上下匝道合流处加宽。全线主线采用高架形式，设计速度为 80km/h，高架桥桥宽 25m（整幅桥布置），双向 6 车道。主线桥梁采用节段预制架设法施工。主线高架桥标准跨径布置为 3×35m、2×35m、30m+35m+30m，此外尚有 30m、32.5m、36m、40m 四种跨径组合布置，2~4 跨一联，以 3 跨一联为主。跨路口大跨为 50~75m，以 50 m、60m 为主。主线高架桥 3 个大类，分别为主线标准等宽段、变宽段、路口大跨段：

1. 主线标准等宽段桥宽 25.0m，分离式双箱单室横断面，横桥向两个箱室，单个箱宽 12.1m，两个箱室间后浇带宽度 0.6m；预制节段箱梁为等高度，高 2.2m，采用逐跨拼装法施工。

2. 主线变宽段，桥宽 25.0~46.5m，分离式多箱单室横断面，根据桥面宽度大小横桥向布置 3~4 个箱室，分大箱室和小箱室两个类型，预制节段箱梁为等高度，高 2.2m。大箱室单箱宽 6.93~11.2m，小箱室单箱宽 4.5~8.6m，通过挑臂长度大小调整箱室宽度，两个箱之间现浇缝宽度 0.6m，采用逐跨拼装法施工。

3. 主线路口大跨段桥宽 25.0m，分离式双箱单室横断面，横桥向两个箱室，单个箱宽 12.1m，两个箱之间现浇缝宽度 0.6m。预制节段箱梁为变高度，高 2.8~3.6m，采用悬臂拼装法施工。

节段箱梁在预制场进行预制，通过运输车辆在夜间运输至待架梁跨附近的临时存梁区，架梁时再通过运输车辆经场内道路运输至待架梁下方，架桥机过孔到位，对墩顶横梁第二批横向预应力钢束进行张拉，利用节段式拼装架桥机进行吊装施工，吊装完毕后，对箱梁逐个节段进行胶结并进行临时张拉，施工湿接缝，待湿接缝达到设计强度后进行体外预应力张拉。节段梁架设采用"预制节段梁运输＋节段吊装＋原位胶拼＋湿接缝施工＋体外预应力张拉"的方法。

二、预制拼装法城市高架的特点

（一）预制拼装法在城市高架的应用特点

1. 预制节段种类多：洪都大道快速化改造工程是国内首次在城市高架桥梁全线采用预制节段拼装大箱梁。为满足车辆上下高架桥梁的需求，需设置多处上下匝道；同时考虑到本项目为既有道路上进行城市高架的改造，现场场地有限，高架曲线设置时，高架线路曲线半径受到严重限制；为了满足地面辅道通行需求，设计时需采用大悬挑预制节段拼装箱梁；由此种种因素造成了本项目预制节段梁的多样性。这与目前国内已建的公路和轨道交通（分幅墩梁中心对齐）预制节段大箱梁在设计和施工方法上均有较大差异。

2. 节段梁预制难度大：①预制梁数量多、规模大，管理难度高。本项目节段梁共 5329 榀，分有多种类型（3.1m、5.1m、5.7m 和扭曲梁等），造成模板的通用性差，为了保证模板的使用率，下类梁型预制前需对模板进行改造。②节段梁预制精度要求高，预埋件多，技术难度较大。由于本项目采用体内、体外混合配束设计，预制时对体内束波纹管预埋精度要求高；同时为了满足节段梁架设期间的辅助功能，需提前精确预埋钢齿坎、转向器等预埋件。③本项目采用短线匹配法进行节段梁预制，每榀节段梁均具有唯一性，故而每榀梁均有其特有的数据信息，为节段梁架设提供基础数据。④为了控制节段梁线型，需对预制尺寸进行严格控制。在施工精度控制方面，建设单位专门请有资质的第三方监控单位进行线性监控，对每榀梁的

外形尺寸进行复核，并下达下一榀梁的外形控制数据（第三方监控单位下发监控指令）。当尺寸偏差超过精度要求时，需由监控单位下达相关调整指令，故而产生了海量的数据信息。

3. 节段梁架设控制要求高：因设计时采用了大悬挑预制节段拼装箱梁，造成主梁箱型截面重心与支座偏离较大，现场施工需采用两台桥架同步架设（节段梁拼装期间需按照匹配顺序进行架梁），确保左右幅作用于开花式桥墩的竖向不平衡反力不大于设计要求。因现场条件限制，预制节段梁中存在扭曲梁，对节段匹配精度要求高，增加了架设难度。

（二）节段梁信息管控的重难点

1. 节段梁预制架设数据信息庞大：因每榀节段梁均具有唯一性，且节段梁的顺序在设计时即已确定。因此需建立庞大的数据信息库，以满足现场施工要求，传统管控手段难以满足目前施工管理需求。

2. 参建人员繁杂，数据流转缓慢：项目参建单位、人员数量较多，涉及的责任主体单位对监控数据的复核工作量大。在履行和记录各单位责任时，通过传统的纸质书面文件流转无法满足现场节段梁预制、架设的进度需求。

3. 海量数据信息检索困难：每榀节段梁在预制、架设或纠偏调整时均会产生几十个数据，加之节段梁设计数量庞大，从而造成了整个项目的节段梁监控数据规模庞大。项目管理人员在进行数据信息检索时十分困难。

4. 项目管理人员检查、复核困难：项目管理人员检查现场质量和精度时，很难从现场实体直观上获得信息，而且在查找相关监控测量资料时非常困难。

通过以上阐述，在采用预制拼装法进行大型市政桥梁施工时，传统的信息管控手段已无法满足项目建设需求。因此，十分有必要引进信息管控平台，对现场数据信息进行分类整理，增加项目管理效率，提升项目管理质量。

三、信息管控平台简介

（一）信息管控平台系统介绍

本项目信息管控平台是基于BIM信息化综合管理平台进行研发的，主要利用信息化平台进行节段梁日常生产预制与架设信息数据管理，满足参建各方对日常建造管理的需要，实现主要数据流转信息化。本项目信息管控平台的主要管控内容包括：节段梁预制、拼装施工精度控制；预制拼装节段梁施工信息化管控；基于"互联网+"的工程进度监控管理和大数据质量管控信息流转。信息管控平台可在事前针对桥梁结构特点，对节段梁线形控制进行分析、计算，提出线形控制过程中的关键要点，开展线形控制复核计算工作，对各节段预制及架设过程中的指令进行复核计算，在平台发布复核计算指令。

（二）信息管控平台系统管理功能

本信息系统可根据项目管理需求设置不同管理角色，根据其在系统中的管理角色，设置相应权限。根据项目需求可设置建设单位（管理角色）、监控单位（计算角色）、监理单位（监督角色）、施工单位（反馈角色）、咨询单位（校核角色）等。各类管理账户登录后可查看不同的界面，不同界面中具备不同的功能。具体功能如下。

1. 即时待办事项提醒，置顶动态消息强化沟通与交流。

2. 便利通信，自定义权限，集成短信提醒，内置资料交流渠道。

3. 理论数据、现场数据、工程进度查询窗口。

4. 预制数据展示，校差直观分析，便利的指令下载端口。

5. 内置适应各种匹配工序的指令算法，监控单位分级校审，确保精准。

6. 施工质量信息可视化。形成施工误差统计柱状图，用于月度或季度考评；并可对主体进行进度及误差查询；架设前进行龄期查询等。

（三）信息管控平台数据流转及其工作流程

本项目信息管控平台的数据流转和工作流程包括：施工数据填报、驻地监理审核、监控（或咨询）指令填报、指令监理对比审核、施工单位接收指令施工等工作流程。

1. 施工数据填报：施工现场根据现场实测的数据填报至信息平台中，在系统中确认后可对填报数据进行查询和修改，并形成查询和修改记录。

2. 驻地监理审核：驻地监理获得系统提醒后，进入系统对施工现场实测数据进行审核，审核确认（签认）后数据系统自动流转至后一步；若数据未通过审核，则数据将被打回至施工单位要求其修改或重新填报。

3. 监控（或咨询）指令填报：第三方监控单位（或咨询单位）根据驻地监理审核通过的数据，计算出监控指令数据，并在系统中进行指令的填报签认后，发送至驻地监理审核。

4. 指令监理对比审核：驻地监理将第三方监控单位的指令数据和咨询单位的指令数据进行对比，视对比结果进行确认（签认）发布监控指令或打回重写

复核。

5. 施工单位接收指令施工：施工单位在获得经监理工程师确认后的监控指令后，按照监控指令施工。

（四）信息管理平台质量管控内容设置

系统可以实现质量管控的信息化管理，但各项目质量管控数据的种类、形式均有所不同。可根据本项目参建单位对项目的管理进行定制；在系统搭建过程中对质量管控和管理模式做出详细构思后，根据需求进行开发和完善（图1）。

图1 平台质量管控内容设置方法

四、信息管控平台在节段梁预制和架设中的应用优势

1. 海量数据信息分类明确，整理有序。节段梁预制和架设期间产生的海量数据，伴随着数据的录入和流转，在平台内形成了一个庞大的数据库。平台自动对数据进行归类，并且对数据的整个流转过程均有流转记录和完备的签认手续。极大地简化了项目管理人员重复而又繁杂的工作量。在节段梁预制架设过程中形成的一幅、一跨、一联等数据，均已分类明确，便于查找。

2. 责任划分明确、信息流转迅速有序。在责任单位复核监控数据时，各道流程形成的审核、签认全部在系统中留

有痕迹，达到了可追溯性的目的。

3. 指令数据在各参建单位和人员指令的流转中迅速有序。系统发送指令后，相关管理人员可及时收到通知，达到快速处理的目的；系统中上一道程序未经审核通过无法流转到下一道程序。大大提升了整个项目管理效率，提高了项目施工进度。

4. 海量数据信息检索快速。项目管理者只要确定了需调取数据的对象，便可直接在已分好类别的数据中调取相关数据，无须翻找传统的纸质和电脑文档，选择对象十分明确，可达到快速检索的效果。

5. 项目管理便捷。项目管理人员可通过手机、电脑等设备进入信息管控系统查阅现场实体结构的施工质量和进度。并可通过信息管控系统调阅不同部位管理人员的信息，做到快捷管理。

结语

由此可见，采用装配式施工方式时，尤其是采用预制节段拼装法进行大型市政桥梁施工时，传统的信息管控手段已无法满足项目建设需求，信息管控平台的引入，可大大提高项目管理质量。

1. 提高项目管理效率：采用信息管控平台可提高建设项目管理效率，便于项目管理者对项目建设信息进行收集、加工、传递和利用，辅助保证项目各系统有效运行。信息管控平台的合理应用缩短了工程建设周期，能及时合理地进行资源的配置和调整，大大提高了施工管理人员的工作效率。

2. 强化了项目建设过程中的监督力度：采用信息管控平台不仅能够快速、有效查找和处理大量的施工管理信息，而且能够对施工进度、质量、成本进行

跟踪管理，起到强有力的监管作用。

3. 推行信息管控平台，完善施工管理：深入推行信息管控平台的应用，如进度、质量、成本控制、资料管理等方面的信息化管控，可更加完善施工项目的管理。项目管理人员可根据平台信息，及时做出有关决策，对项目资源及时调整完善[1]。

4. 增强项目管理企业的竞争力：随着建筑市场竞争环境的日趋激烈，项目管理企业要想在竞争中求生存、谋发展，必须通过信息管控平台来规范项目建设管理，完善企业项目管理内容，提高建筑企业的市场竞争力。

参考文献

[1] 周力明. 信息技术在项目施工管理中的应用分析[J]. 科技资讯, 2009 (26)：185.

浅析监理管理数字化建设方案

李显慧

山西维东建设项目管理有限公司

摘　要：目前监理管理依旧处于简单粗放式管理模式，存在人员流动性大、财务状况难以监管、收欠款难以统计、规章制度无法贯彻落实、项目所在地过远无法实时监管、信息无法快速传递、风险无法预知规避、业主单位无法正确认识监理管理能力等问题。针对以上问题，监理管理急需要建设一个数字化智能云平台，以实现数字化转型升级，从传统的管理模式转变为数字化精细化管理模式，为监理企业提供优质的信息化服务和良好保障。本文据此介绍了监理管理数字化建设方案。

关键词：监理管理；数字化智能云平台

引言

近年来，随着互联网、大数据、云计算、区块链和人工智能等技术日益创新，数字技术已广泛融入国家经济和社会发展的各个领域。自党的十八大以来，党中央高度重视发展数字经济，将其上升为国家战略。

在工程建设领域，监理管理是非常重要的一个环节，随着国家政策及市场需求的发展变化，监理企业必须全面开启并实施创新驱动发展战略，以建设监理行业的组织论、控制论、管理学为理论基础，以有关法律、法规、技术标准为依据，综合运用当下发展迅速的互联网、云存储、5G、大数据、无人机和人工智能等技术，围绕数字化管控平台的搭建、整合、运用、升级，全员参与实

践，通过智慧监理数字化平台，使传统的监理管理能够更加系统、直观和便捷地开展工作，进而更好地确保工程质量、进度和安全，提高工程建设水平。推动监理管理方式数字化，使监理企业向智慧化转型，这必将是一个从无到有、从有到优的长期系统性工程。

监理管理实现数字化、可视化和在线化，可以监理人员绩效考核为抓手，通过实时采集现场监理管理数据，确保数据的真实性，通过使用信息化系统对监理人员和监理工作进行有效管理，使监理过程和监理行为程序化、标准化，进一步提升监理行业管理水平，革新监理管理方式，推动监理企业的管理创新和转型发展，使企业最终成为市场所需的项目咨询管理与现场监督管理相结合的咨询服务类企业。

一、监理数字化智能云平台简介

监理企业通过与科技企业合作，依托高科技创新能力和成熟的软硬件研发体系，定制智慧监理数字化智能云平台，将监理管理数字化建设方案逐步打造成标准化、模块化、智慧化和可提供个性化监理服务的数字化平台，借助监理数字化智能云平台对不同的建设项目提供更加科学、个性与智能化的监理服务。

利用现有传统监理模式下的信息基础和物质基础，并借鉴其他行业数字化建设的经验，通过建设监理数字化智能云平台设计包含智慧数据大屏展示系统、后台管理系统、监理业务系统、手机 App 移动监理业务系统等，可做到监理数据移动化采集、资料自动化生成、

业务数据云上存储、监理业务线上审核、管控信息数字化展示等,以此实现数字化监理管理。

二、监理数字化智能云平台建设方案

(一)智慧数据大屏展示系统

此系统将图表、数据进行大屏可视化展示,并提供以数据为支撑的监理管理一站式决策支持服务,帮助监理管理者更加清晰地了解基建项目的实际进展情况。

智慧数据大屏展示系统包含的主要内容如下。

1. 根据时间维度、任务指标等内容实时反映项目进展情况。

2. 各监理管理区域项目分布情况、项目数量、项目完成情况、项目进度是超前还是滞后等信息。

3. 展示方式包含实时监控图像、柱状图、饼状图、雷达图等,方便公司及项目部管理人员及时、快速了解建设项目整体进展情况。

(二)后台管理系统

后台管理系统是监理管理数字化平台正常使用时,所需要的基础信息的管理模块,包含的主要内容如下。

1. 基础设置管理功能

配置系统的参数和规则,实现系统个性化配置,需由系统超级管理员进行管理等。

2. 操作人员的管理功能

可管理数字化平台中的所有人员,同步相关部门人员信息数据,根据需要维护操作人员的信息及密码等。

3. 权限管理功能

开发管理系统功能模块;可配置系统角色,按系统角色分配系统功能模块使用权限;管理后台用户及可开设部分权限等。

4. 日志管理功能

允许管理员查询系统日志,包括登录日志、访问日志、数据操作日志、系统运行日志等,便于系统操作溯源等。

5. 数据同步设置功能

系统的部分基础数据来源于信息中心的数据中台数据,如组织架构信息、人员信息等内容;本模块需设有与数据中台的数据接口。

6. 统一身份认证管理功能

根据统一身份认证管理办法开发接口,实现登录人员的统一身份认证管理等。

7. 数据备份功能

可设置数据备份策略,对系统数据进行备份,保证数据损毁后的及时恢复与业务的正常运行;策略包含全额备份、差额备份、本地备份、异地备份等。

8. 数据恢复功能

将需要备份的数据进行恢复操作。

9. 数据库优化管理功能

根据需要可对数据库进行优化,保证系统在提供的 1 台数据库服务器及 2 台 Web 服务器中正常使用;页面正常显示时间小于 3s 等。

(三)监理业务系统

监理业务系统是监理管理数字化平台正常使用时,所需要的业务信息的管理模块,包含的主要内容如下。

1. 部门管理功能

监理管理数字化平台相关的部门信息包含:部门的统一编号、部门的名称、树状结构、简介、负责人、部门联系人信息及联系电话等;开发数据接口导入数据,并对导入的数据进行维护。

2. 人员类型管理功能

监理管理数字化平台相关的人员类型信息,包含但不限于事业编制、人事代理、企业编制、项目编制等内容。

3. 招标投标管理功能

监理管理数字化平台相关的招标投标信息,包含项目的总投资管理,即项目的编号、名称、序号、投资金额、投资来源等信息;项目招标的管理,即项目的编号、名称、预算、招标时间、招标地点、代理机构、投标单位、中标单位、中标价格等信息;项目投资招标统计管理,即统计某个时间段内的投资总金额、招标项目的总数量、中标总数量、中标总金额、资金使用率等信息。

4. 项目类型管理功能

监理管理相关的项目类型,包含新建项目、零星项目、专项项目、改扩建项目等内容;包含项目类型编号、类型、名称、备注等信息。

5. 建筑工程质量标准功能

监理管理施工相关的质量标准的内容,包含标准编号、名称、主要内容、发布时间、备注等信息。

6. 合同及文件保存管理功能

可存放纸质文件的工具;包含编号,保存文件的工具名称、所在地点、负责人等信息。

7. 现场监管事项的分类功能

监理管理现场监管的各事项类别,包含编号、类别等信息。

(四)手机 App 移动监理业务系统

手机 App 移动监理业务系统包含的主要内容如下。

1. 人员管理子系统

监理管理数字化平台正常使用时,所需要的人员信息的管理模块,包含的主要功能如下。

1）参建人员管理功能

监理管理数字化平台相关的人员信息，包含人员编号、姓名、所属类型、联系方式、身份证号、所在单位、所在部门、学历情况、学位情况、个人情况简介等信息；有数据接口导入数据，并对导入的数据进行维护。

2）施工单位人员管理功能

监理管理施工单位人员的管理，包含施工队的增加、修改、暂停、恢复、结束等功能；具体信息包含施工队编号、名称、所属单位、负责人及联系方式、人数、开始入场时间、结束入场时间等。

3）施工单位使用的机械设备管理功能

施工单位使用的机械设备，包含特殊设备编号、名称、尺寸、重量、所属施工队、开始入场时间、结束入场时间、特殊情况说明等信息。

4）施工作业人员管理功能

施工作业相关的人员管理，包含人员编号、名称、所属类型、联系方式、身份证号、所在施工队、个人情况简介等信息。

5）专家库管理功能

与工程相关的专家管理，包含人员编号、姓名、所属专业、学历、职称、联系方式、身份证号、所在单位、个人情况简介等信息。

2. 项目管理子系统

监理管理数字化平台正常使用时，所需要的项目信息的管理模块，包含的主要功能如下。

1）项目信息管理功能

监理管理相关的各个项目，包含项目编号、名称、简介、类型、总投资、已经投资金额、所在区域、占地面积、负责人信息、施工方信息、预计开始时间、预计结束时间、项目实际开始时间、实际结束时间、完成比例、其他说明、设计图、效果图、进展图、项目状态、备注等信息。

2）监理管理项目使用商品管理功能

监理管理项目中使用的各种商品或材料，包含项目编号、名称，商品编号、名称、供应商名称、数量、使用时间等信息。

3）监理管理建设项目的备案功能

备案的建设项目，包含备案申请、项目建议书或可行性研究报告、单位的营业执照、资金证明材料、环境影响评价选址意见、节能评估意见、项目选址意见书和项目用地规划许可证、土地使用证或有关的用地协议、项目主管部门或所属乡（镇）政府意见、县级以上政府的相关纪要或文件（政策性项目须提供）、根据有关法律法规应提交的其他文件等信息。

4）监理管理历史商品或材料的追溯功能

根据项目中商品或材料的内容，追溯该商品历史使用情况，包含商品编号、名称，使用的项目名称、状态、使用数量、使用时间等信息。

3. 进度控制管理子系统

监理管理数字化平台正常使用时，所需要的各个项目的进度信息，包含的主要功能如下。

1）项目进度管理功能

管理项目的进度情况，包含项目编号、名称、投资总金额、实际投资金额、项目进度、录入人、录入时间等信息。

2）进度统计管理功能

展示各项目进度情况，包含文字展示、图表展示等多种展示方式。

4. 现场监管子系统

监理管理数字化平台正常使用时，所需要的各个项目现场出现的各种事项信息，包含的主要功能如下。

1）监管事项记录功能

现场监管事项的记录及查询，包含事项的编号、名称、类型、起因、引发事项的人员、事项的描述、严重程度、发生时间、发生地点等信息。

2）监管事项处理功能

现场监管各事项的处理，包含事项编号、事项名称、处理人信息、处理时间、处理结果等信息。

3）监管事项统计功能

统计现场监管事项的数量，根据施工现场的名称、数量、类型、严重程度、处理结果，统计分析现场事项等信息。

5. 现场监控管理子系统

监理管理数字化平台正常使用时，所需要的各施工现场的监控信息，以保证安全施工，包含的主要功能如下。

1）监控摄像头管理功能

监理管理现场的各个监控摄像头，包含但不限于光纤跳线、内网接入、IP分配等内容；包含摄像头的编号、名称、型号、生产厂商、生产时间、安装时间、摄像头所放施工现场的位置、分辨率、特性、是否正常使用等信息。

2）摄像接入功能

须有开发接口，可调入现场各类监控摄像头实时图像，显示在指定位置处；兼容市场上主流的各类摄像头；单屏幕显示摄像头数量；分辨率可以根据需要进行调整等。

3）现场监控的管理功能

监理管理现场监控到的各种信息，包含摄像头编号、摄像头名称、存放视频的格式、存放视频的分辨率、存放视频的文件名、存放视频的时长、存放视频的开始和结束时间等信息。

4）现场监控的回放管理功能

监理管理现场监控的视频回放，包含摄像头的选取、回放时间的选择、视频回放等功能。

6. 文件管理子系统

监理管理数字化平台正常使用时，所需要的文件信息，包含的主要功能如下。

1）项目文件管理功能

监理管理项目相关的文件信息，包含增加、删除、修改等功能。包含文件编号、文件名称、归属的项目名称、文件简介、文件电子版、纸质文件存放位置、文件保管人、备注等信息。

2）项目合同生成功能

生成项目相关的合同，包含合同编号、名称、内容、乙方单位名称、金额、付款方式、签订时间、双方签订人、合同电子文档、合同扫描件、合同纸质文件存放位置等信息。

3）项目合同流转的管理功能

合同审批的流程管理，制定顺序流程管理及驳回流程管理。

4）项目合同的审批功能

进行合同审批的管理，包含合同审批发起人、合同发起时间、流转完成的步骤、审批人、审批时间、是否通过、通过或不通过的批示、不通过的修改后重新审批等信息。

5）项目合同归档管理功能

审批完合同的归档管理，包含合同编号、名称、状态、归档时间、归档地点、归档管理人员等信息。

7. 会议管理子系统

监理管理数字化平台正常使用时，所需要的会议信息，包含的主要功能如下。

1）会议名称管理功能

可进行相关的会议管理，包含会议编号、名称、议题、开始及结束时间、使用的会议室、主持人、会议纪要、参会人员、是否允许签到、签到方式等信息。

2）参会人员管理功能

会议的参会人员管理，包含会议编号、名称、参会人员编号、名称、备注等信息。

3）会议签到功能

根据需要，采用人脸签到或根据会议室位置进行签到功能；开发相关的人脸识别算法，借助该算法进行与会人员的人脸签到；根据会议室位置签到时，通过扫描二维码的方式进行签到，地点误差不能超过10m；签到包含会议编号、会议名称、人员编号、签到时间等信息。

4）会议记录管理功能

借助语音、视频记录整个会议，并保存相关信息，包含会议编号、名称、语音文件名称、视频文件名称、备注等信息。

5）会议纪要管理功能

管理会议纪要，包含会议纪要的生成、修改、确认等功能；包含会议编号、名称、纪要内容、编写人、备注等信息。

8. 竣工管理子系统

监理管理数字化平台正常使用时，所需要的项目竣工信息。通过基建项目竣工管理，全面考核投资效益、检验设计和施工质量。包含的主要功能如下。

1）项目竣工报告管理功能

监理管理项目的竣工报告，包含增加、修改及状态管理等功能，以及竣工报告编号、竣工报告名称、项目编号、项目名称、主要内容、金额、开始时间、结束时间、项目经理审核、施工单位负

责人审核、状态等信息。

2）项目竣工管理功能

监理管理项目完成后的竣工管理，包含合同完成情况；项目竣工验收规定；施工单位在工程完工后对工程质量进行的检查情况，确认工程质量是否符合有关法律、法规和工程建设强制性标准，是否符合设计文件及合同要求，检查工程竣工报告；监理单位对工程进行的质量评估情况说明、监理资料和工程质量评估报告；勘察、设计单位对勘察、设计文件及施工过程中由设计单位签署的设计变更通知书进行的检查情况，以及质量检查报告情况；技术档案和施工管理资料；项目使用的主要建筑材料、建筑构配件和设备的进场试验报告，工程质量检测和功能性试验资料；建设单位是否按合同约定支付工程款；施工单位签署的工程质量保修书；责令整改的问题全部整改完毕的报告；法律、法规规定的其他内容。

3）项目竣工决算功能

竣工后出具的相关决算单，包含经批准的初步设计、修正概算、变更设计文件，以及批准的开工报告文件；历年年度基本建设投资计划；经复核的历年年度基本建设财务决算；施工合同、投资包干合同和竣工结算文件，以及经济合同（或协议）等有关文件；历年物资、统计、财务会计核算、劳动工资、环境保护等有关资料；工程质量鉴定、检验等有关文件，工程监理有关资料；施工企业交工报告等技术经济相关资料；有关建设项目附属产品、简易投产、试生产、重载负荷试车等产生基本建设支出的财务资料；其他有关的重要文件。

9. 档案管理子系统

监理管理数字化平台正常使用时，

所需要的档案信息，包含的主要功能如下。

1）项目档案管理功能

监理管理项目相关的档案信息，包含增加、删除、修改等功能；具体信息包含项目编号、名称、档案序号、项目档案名称、简介、文件电子版、项目纸质档案存放位置、纸质档案保管人、备注等。

2）项目档案查找功能

可根据相关关键词查询档案，也可根据项目编号等信息组合查询对应的档案，方便管理。

结语

监理管理传统管理模式工作大量依赖纸张，纸张消耗量巨大，报审流程十分缓慢。随着计算机的普及和信息化技术的发展，监理管理报审逐步无纸化，但仍不能满足现代管理的需求。

监理管理通过建设监理数字化智能云平台，利用手机 App、5G 高速传输、云存储等技术，实现了数据自动流动、表格自动生成、消息实时推送和业务线上审核；相较以往，大幅缩短了报送和审核时间，节约了大量纸张，所有数据自动保存在系统中，为后续项目实施提供了大数据支撑。

监理管理通过建设监理数字化智能云平台，借助视频监控等技术进行日常巡检、工程量测量以及重点部位、危险源部位定点查看，实现了自动检测、及时预警，对施工质量监理、费用监理、进度监理等全流程监理工作进行规范管理。

监理人员通过手机、平板电脑等多种设备随时查看监控点，做到实时监管工地现场，相比以往仅靠监理人员全天候的现场监理，利用远程监控系统减少了旁站监理的工作量，提高了工作效率。

参考文献

[1] 李美磊，等 . 关于监理企业实现数字化转型的探索与思考 [J]. 建设监理，2020（12）：3.
[2] 周芳 . 监理工程的数字化探析 [J]. 科学与财富，2010（11）：42.

强化合同管理、诚信履约，铸就企业品牌

平 利

山西协诚建设工程项目管理有限公司

摘 要：社会主义市场经济的基石和支柱是诚信，诚信是企业经营之道、生存之本、发展之根。签约双方共同遵守合同并诚信履约是项目建设目标实现的前提，签约双方诚信协作的目的是实现共赢。工程监理企业是项目建设参建方的五方主体之一，强化合同管理、诚信履约，铸就企业品牌对企业可持续发展尤为重要，本文从合同签订、诚信履约、合同风险管控等方面，浅谈自己的认识和理解。

关键词：合同管理；诚信履约；铸就品牌

一、合同签订前的基础工作

1. 了解建设单位（委托方）的基本情况，包括建设单位诚信记录、营业范围、资金情况、经营规模、发展状况、企业财务状况等方面。

掌握工程建设项目的相关信息，包括工程项目地点、项目建设规模、项目是否符合国家相关产业政策、项目施工手续的审批进度、工程项目的特性、项目难易程度、建设单位的需求、建设单位对项目管理的标准和要求等方面。

合同签订前，力求全面细致地了解和掌握更多的信息，避免因信息掌握得不准确，盲目签订工程建设项目合同所带来的风险，这就是通常说的风险做到事前控制，为工程项目正常履约奠定基础。

2. 招标投标文件是签订合同的主要依据之一，认真做好招标投标管理工作，是取得监理业务并顺利签订合同的关键。招标投标管理对工程监理企业来说，是一项持续改进、不断深化提高的重要工作。招标投标管理专职人员应具备一定的专业素质和综合能力，在编制投标文件时要仔细研判招标文件内容并重点标记，商务标的准确性、公司同类业绩的符合性、技术方案的针对性等都是极其重要的，投标文件要充分展示企业承担该项目的综合实力。

招标文件一般包括招标公告、投标人须知、评标办法、合同条款及格式、委托人需求五部分内容。这里着重强调，投标人在投标过程中，对于招标文件中的合同条款及委托方要求等条款内容，往往不能很好地研判或重视程度不够，不能按规定时间给招标人提出意见或争取监理人权利，没有提出对合同主要条款的质疑及委托人不合理需求，这会给后续合同签订带来风险并对项目正常履约不利。

3. 监理酬金测算工作是每个企业最重要的经营管理工作，是投标报价是否合理、能否顺利中标的关键工作，关系着企业的经济效益、合同履约质量和公司财务生存问题。

为使投标报价相对准确合理，要做好一系列扎扎实实的基础信息数据的收

集整理工作，形成企业报价规则和依据。

建立收费标准数据库模块，包括国家、省、市、区域、大型企业集团收费标准模块；企业业务范围有可能参与竞争的项目收费标准模块；相关公共资源交易中心公布的类似项目中标价信息模块；企业参与投标项目的相关同行竞争对手报价信息模块；企业已完成或在监项目的分类项目实际收费水平信息模块。模块主要内容包括合同签订年份、建设单位名称、项目名称、工程项目特性描述、工程规模、监理服务范围、收费标准、计费规则等信息。

根据上述收费标准信息库相关资料，企业承接新项目，要根据新项目的专业工程类别、工程项目地点、环境地理条件的艰苦程度、建设单位基本要求、监理服务期约定、工程难易程度、投资强度、总监及专业人员配备要求、建设单位对实施项目的管理考核标准等基本信息，由企业经营管理部门提出报价建议及报价的要点说明，相关职能部门及领导进行报价评审判断，然后进行投标新项目竞争报价。

二、合同签订过程中关注的重点

监理合同签订时关注的重点，包括监理委托合同版本的选取，要争取使用国家或行业推荐的监理合同范本。

监理酬金的计费规则、监理服务起止时间约定、总监及专业人员上岗时间进度安排、付款方式及比例和期限、超期服务约定酬金、奖罚条款及额度、委托方对项目质量标准的要求、安全履行的职责内容等条款都要给予关注，委托方对监理方的管理标准也是重要方面。

还需关注签订合同的主体单位、项目名称、工程规模等条款是否与招标文件一致。这是合同签订过程中最基本、最重要的工作，要认真细致地完成审阅全部合同内容。合同管理部门审阅完初稿后，按照企业合同管理的要求，组织相关部门进行合同评审，坚持集体决策、公司法人审批的原则，根据法律法规进行评审，请法务把关合同条款、结构与文字的严谨性，广泛吸纳不同专业的意见，并将评审反馈的意见与建设单位进行积极有效的沟通交流，最终完成合同签订过程中的全部工作。

三、切实抓好合同台账的管理

合同台账的建立非常重要，合同台账要从企业项目开始建立，需要完善合同台账基本格式，编号要简洁明了，项目名称、建设单位、工程规模、工程地点、工程主要内容、监理费、开工竣工时间、项目总监、项目类型等信息要全面系统。在实施过程中，变更的项目基本信息也要及时补充，监理费及总监或项目主要人员变动等信息要动态跟踪填入。积极引入信息化合同台账管理流程，使台账规范、标准，信息全面准确，实现企业决策依据及部门信息数据共享和方便查阅。

四、诚信履约，全面履行合同规定的责任与义务

合同到了实施阶段后，首先要进行的工作就是合同交底，包括对公司相关职能部门进行交底和对项目总监进行交底，尤其对项目总监的交底非常重要。

要使公司相关职能部门及实施该项目的项目总监熟知合同的服务范围、服务质量标准、建设单位对项目的管控要求和标准、收费标准及付款进度，能够按合同要求配备相关专业人员、设施、设备仪器，明确组织机构和人员职责分工，全面承担合同约定的责任并履行合同规定的义务，为诚信履约奠定基础。

在合同实施过程中，定期与不定期对合同履约进行检查纠偏，对合同实施过程中的偏差项进行分析。实施过程中如果出现建设单位监理酬金支付不及时、不按合同约定标准管理、超越服务范围等情况，要积极与建设单位沟通，最大限度督促建设单位按合同约定执行。诚信履约是双方的共同责任和义务，只有合同签约双方共同诚信履约，才能实现协作共赢的项目建设目标。

五、合同纠纷的管理

由于客观情况的变化和合同条款不清晰等方面的原因，实施过程中出现合同纠纷是正常现象。当纠纷出现后，一定要对纠纷性质进行客观和全面的评价，纠纷产生的原因、现状、后果和影响都要考虑。假如出现合同纠纷，要有理有据地提出解决纠纷的办法，采用口头或联系函的形式，与委托方积极有效沟通；也可采用法律手段，力争合同纠纷解决在前面或确保纠纷问题不搁置，合同实施过程中的补充合同、变更合同、终止合同都是法律赋予合同当事人的权利。

六、合同风险的管控

强化合同管理，是确保合同履约的关键，也是工程监理企业经营管理的重

点工作之一，合同风险的控制应进行事前控制、事中控制。在合同管理实践中，合同风险管控措施包括尽量采取国家或行业推荐使用的合同版本；争取合同草稿起草的主动权；对委托方的主体资格和诚信记录进行仔细审核，掌握其经营范围、资金状况、经营规模情况；确保合同名称与内容保持一致；重点关注监理酬金支付，委托方管理考核监理方的标准；明确双方承担的义务和责任，注意不平等条款及奖罚条款，明确约定纠纷的解决方式和诉讼管辖权等方面。此外，还应充分重视企业法务专业人员的审查意见及公司相关职能部门的意见。

在合同签订过程或实施过程中，严格执行国家及行业和企业内部合同管理制度，包括合同评审制度、合同签批制度、合同交底制度、合同信息化管理制度、合同信息反馈制度、合同档案管理制度等。

工程监理业务因竞争而导致合同履约的风险越来越高，由于委托方与监理方地位不平等，在监理合同签订时，委托方会利用其优势地位，将监理风险通过招标文件和监理服务合同约定转嫁到工程监理企业，使得合同条款有利于委托方。工程监理企业急于承揽工程，合同谈判中处于被动的一方，这种情况下，工程监理企业要从保护自身权利出发，有理有据地进行合同磋商，对合同风险清单因素，要做到风险回避、风险利用。

七、合同签订实施过程中容易忽视的问题

监理合同条款表述清晰、合同双方

体现公平、合同标的约定明确、合同履约纠纷争议少、实施过程顺畅等是合同签订的目标，但实现这些目标比较困难。目前在合同签订过程中容易忽视的问题，包括大型企业集团采用自己拟定的合同范本，不采用国家或行业推荐的示范文本，这就造成实施过程中不利于工程监理企业的条款较多。

企业经营管理合同制度缺失或监督执行偏差较大，使得合同管理制度形同虚设或不执行，给合同履约带来许多争议且难以处理；合同评审流于形式，合同交底不到位，尤其对合同履约负责人交底不严不细且内容不全，使得合同履约到位困难。

在合同履约过程中，实施静态管理，未做到动态管理，对实施过程中的服务范围变化、服务人员变化、工期变化等因素留痕少，动态管控意识不强。对一些变化的情况，不能积极有效地与委托方沟通交流，寻找解决问题的办法，给履约造成困难。

合同法治观念淡薄、风险意识差，签订合同时缺少对对方资信的调查了解，没有审查对方的营业执照、法人授权委托书；合同档案管理存在问题，致使合同原件丢失或仅保存一些复印件，一旦自己的合法权益被损害便无法主张自己的权利，这些情况对企业非常不利，有可能造成很大损失。

八、诚信履约对企业发展的重要作用

诚信是企业发展宝贵的无形资产和软实力，是企业持续发展和增强市场竞

争力的重要源泉，企业信用度越高，交易成本就越低，经营运行就越顺畅。工程监理企业的服务标准之一，就是为社会的文明进步服务，要将监理工作的诚信建设同社会文明建设紧密结合。合同履约好，履行到位，市场营销局面就好，就会有较大的市场拓展空间，就会增加市场份额，企业社会影响也会大大提高，获得项目的机会就会大大增加。

对工程监理企业来讲，以诚信守约打造工程，以诚信守约对待委托方，把建设单位的项目目标作为签约双方共同的目标，以诚信守约回报社会和客户，以精品工程构造诚信守约的基石，将诚信守约作为企业发展之本和竞争取胜之道尤为重要。

结语

市场经济不断完善和发展，诚信履约会使越来越多的企业，获得良好的社会影响效益和企业经济效益。铸就企业品牌是企业实现长远可持续发展的根本。工程监理企业面临着发展机遇和困难挑战，项目实施过程中诚信履约工作做得不好，就会面临着行业淘汰及市场规模降低。诚信履约，铸就企业品牌对企业做强做大尤为重要，监理企业要坚持不忘初心、强化责任担当、积极拓展业务范围，不断提升监理工作和相关服务质量，履职尽责、当好工程卫士，不辜负国家、社会、委托方和公司员工的期望，为社会文明进步和监理行业高质量发展做出企业应有的贡献。

房屋建筑工程监理管理的问题和创新思考

张忠强

山西省建设监理有限公司

摘　要： 为提升房建工程建设水平，严格按照相关规范要求开展监理管理工作是有效的措施之一。本文通过阐明当前房建工程监理管理中存在的问题，包括监理市场各项权责不够规范、不同部门之间配合不够密切、监理责任划分不细致、监理质量控制体系落后等，并分析以上问题的成因，探讨创新工程监理管理工作的措施方法，以供同行参考学习。

关键词： 房屋建筑；工程监理管理；现状分析；创新策略

引言

房建工程有施工周期长、工序繁杂、现场交叉作业多等特点，只有充分发挥监理职能才能使施工工程建设质量得到相应保障，否则会使房建工程建设期间留下较多的安全漏洞，降低工程施工质量安全，甚至诱发工程事故，对现场作业人员生命安全构成威胁，使施工方承受巨大的经济损失。因此，监理方应主动承担起责任，立足于工程实况持续提升监理工作能力水平，创新管理方法等，确保工程质量安全，使项目建设期间能创造出理想的效益。

一、房建工程监理管理现状及存在的问题

（一）监理市场各项权责不够规范

和西方发达国家相比，我国房建监理行业起步相对较晚，监理市场各项职权的实施过程还不够规范化，现实中组织体制建设、资质评价等活动推进时均暴露出一些缺点，导致监理工作推进过程中容易在质量、安全等方面出现问题，也会出现部分权责交叉等情况[1]。具体体现在很多监理机构及监理工程师没有获得确切的授权，以致不能充分行使自身的管理职能。现实中，监理授权本身是一项系统、复杂的工作，要从承接工程监理业务伊始，至监理工作彻底完成，秉持"权责一致"的基本原则，以最严谨的态度落实各项细节性工作。若监理市场出现徇私舞弊的情况，就会打破公平公正竞争的格局，对房建工程监理管理工作质量全面提升产生明显的制约影响。

（二）不同部门之间的合作不够紧密

在房屋建筑工程中监理发挥着不可替代的作用，其除了要对各项施工操作工艺和施工质量进行监督管理外，还需要协调好各个部门之间的合作，因为工程监理管理工作并不是一项独立工作，需要人力资源管理部门、安保部门等之间加强配合，形成强大合力。我国近年来对建筑监理市场方面的重视程度越来越高，不仅给出了更加具体的监理工作规范，也将各种适用于监理工作的技术手段融入建筑行业中，尤其是信息技术手段。按照常理来讲，现阶段的监理工作并不会在信息流通方面有所桎梏，但是实际情况是不同部门之间的信息沟通不顺畅，形成"信息孤岛"，信息资源共享效率长期处于较低水平，信息传输过程形成"断片"情况，时效性显著不足，拖延了部分文件的审查进度，降低了工作效率。长期没有建立完善的人员培训考核机制，不利于建立专业化的监理人员队伍，削弱了监理管理工作的价值，不利于提升房建工程的建设质量。

（三）监理责任划分不够细致

部分监理工程师在现实工作中，主观上没有掌握自身在工程前期设计、施工建设与竣工验收等阶段应承担的监理职责，故而不能充分发挥监理管理作用。在这样的情况下，若组织管理工作中有疏漏，但是监理工程师却没有及时发现、上报等，则会造成十分恶劣的后果，使房建企业的经济利润严重受损。另外，此方面也缺乏专门的管理制度和责任制度，未将监理工程师的具体职能与权力进行明确。

（四）监理质量控制体系落后

为了确保房建工程施工期间顺利推进监理管理工作，建立健全相配套的质量控制体系是基础，根据该体系具体要求组织工程监理工作[2]。但是纵观当前国内建筑业监理工作推进情况，很多施工单位暴露出"重技术、轻管理"的情况，没有充分认识到创建监理质量控制体系的重大意义，监理质量控制体系表现出明显的滞后性特征，不能合理地预判房建工程建设中可能出现的问题，基本是在发生问题后采取补救控制措施等，以上这种工作模式对工程建设及监理工作质量均会产生较大的负面影响。

二、创新房建工程监理管理工作的策略方法

（一）完善监理市场规范机制，产生硬性约束

首先，科学梳理监理单位和业主方质检的关系，划清两者的权责界限，这是建立健全监理市场规范化管理机制的大前提。正式实施工程项目之前一定要清晰划分两者各自要承担的责任，立足现实情况合理规划具体的监理工作内容、

目标等，明确项目工程合同规定要求，有针对性地组织项目监理工作事宜，及时制止业主方擅自介入、过度干预等行为。其次，结合市场行情合理设定工程监理收费的最低标准，酌情增加监理费，规避监理市场恶性竞争的情况，确保监理单位所得监理费能维持自身业务正常运作，引领监理市场良性运作过程。最后，地方政府部门应充分发挥自身的职权，为确保房建工程监理工作顺利推进，尽早颁发相配套的法规，建立健全外部监督机制，引导监理单位积极创建内控制度，认真贯彻奖罚机制及职位晋升机制，确保每一位监理工程师在岗位上均能恪尽职守；严格推行监理资料管理制度，这样监理人员才能全程跟踪房建工程施工过程，及时采集、记录相关信息资料，并输录到计算机系统内建档保存，做好数据备份，通过这种方式确保工程监理资料的完整度、真实性与安全性，有助于减少或规避后期发生工程纠纷等情况[3]。

（二）建立健全监理分工衔接体系，提升监理队伍的建设水平

监理部门工作人员要充分认识到加强和人力资源管理、后勤保障等其他部门之间的沟通联系对提升工程监理管理工作效率的重要意义，在工作中充分落实多部门沟通协作机制，严格依照岗位责任制详细固化各个部门及具体人员应承担的责任，真正做到分工明确，合作密切，全面提升内部工作质效。组建专业性强、业务精湛、素质优良的工程监理工作队伍，确保每一位监理工程师能扎实掌握《中华人民共和国建筑法》以及《中华人民共和国民法典》中关于合同的法律知识，确保监理合同与承包合同管理工作均能合法、合规推进，按照

合同约定的内容严审项目工程款的支付方式，贯彻落实"三项制度"以持续提升业主方行为的规范性，并且持续加大对工程分包单位资质的审查力度，使监理工程师的职能作用最大化发挥，顺利地实现合同目标。

（三）明确工程现场质量管理标准，细化监理措施

首先，房建工程建设期间，现场质量监管控制是监理单位应执行的一项关键工作内容，也是要落实的重要职责。材料是工程建设的基础，也是诱发质量缺陷及工程事故的源头，故工程现场监督应从原材料质量管理控制方面着手，基于多种渠道采集和建筑工程、施工内容、监理执行计划等相关的信息，主动参与施工图纸设计与会审、施工方案制定与修订等多个流程，提出切实可行的意见建议，充分掌握施工原材料规格、性质及数目等信息，按照工程监理标准要求逐一审查原材料的质量与性能指标，在各种专业仪器的协助下组织材料现场检验检测活动，生成建设材料汇总表，确保原材料质量符合工程设计要求。

其次，加强测量房建基础环节的监督管理，身为监理工程师要及时跟进工程现场测量放线工作的推进情况，确保相关数据的精准度，深入分析设计图纸内容，自主加强对细部的管理控制，合理编制应急预案。结合房建工程实况建立合理的控制测量程序，推行"测量人员实测→施工队主管复测→监理工程师复测"的管控模式，其中监理复测环节一定要采用自备仪器，以防设备障碍引起的误差[4]。搭建切实可靠的测控网，以确保能随时复测与校核水准点、导线等。只有当复核结果符合标准及项目设计要求时，监理工程师才可以在报

验单上签写验收合格意见，否则须要求承包商重新施测或整改，整改结束后再行复测，直到复核结果符合标准及要求为止。

再次，结合监理行业规范条例严控房建工程质量缺陷，建议将混凝土裂缝、地下室渗漏水高发位置作为重点监理检查对象进行验收，发现问题时督促施工方尽早整改，确保重要位置、隐蔽工程建设质量等均达标。

最后，围绕各个施工工序组织多次质量评估工作，对质量不符合要求之处做出明确标记，及时给施工方下达《质量整改书》，确保施工方能及时返修，当获得合格的质量测评结论时才可以在验收证明上签字确认，通过监理工作全面提升房建项目的整体管理控制水平，确保各项质量检测结果满足标准要求。

（四）提高信息传达的时效性

在"互联网+"时代，越来越多的信息科技被用在建筑工程领域，建筑信息模型（BIM）技术就是其中之一。监理工程师要确立应用高新技术的职业意识，采集大量的工程项目信息，基于BIM技术创建三维立体化模型。

以某工程项目为例，某地拟建设城市中心广场，地上、地下部分面积分别是 59.47 万 m²、13.7 万 m²，B 栋商业楼总建筑面积 14.59 万 m²，地上、地下分别为 6 层、2 层。

为更好地满足工程施工质量，在地下一层的机电管线综合设计中应用 BIM 技术，监理工程师参与了专题协调会议，汇总项目设计校核表资料，创建台账，在前期审核环节探查到本项目在机电安装控件、容错率等方面存在一定疏漏，需采用 BIM 技术进行辅助支持。监理单位要求业主方邀请专业 BIM 团队深化设计工程图纸，运用 Revit 软件直观、全面、精细化地呈现分包合同内涉及的设备、管道工程部署方位，物资供应等技术性资料，严格审查不同专业的作业空间、净空高度等诸多指标，仔细落实局部设计变更工作，智能生成 BIM 优化计划表，利用 BIM 技术辅助管线综合优化设计后节约造价 209 万元。

在进度管控方面，监理工程师主要审核总进度计划与 BIM 模型移交时间，结合 BIM 模型的进度执行状况调整相关计划。比如在本项目中，监理工程师在审核环节探查到 BIM 模型在移交时间方面表现出较高的滞后性，于是将相关意见提交业主方，业主协调 BIM 团队合理调整移交时间，通过这种方式保证房建工程进度契合整体计划要求。

结语

目前，我国对房建工程建设质量提出了更高的要求，这在很大程度上确立了监理管理工作的重要地位。在项目建设过程中监理单位应充分发挥自身的职能作用，主动承担起技术、经济管理的双重责任，为此要尽早完善监理市场规范化管理机制、合理设定监理收费标准、健全不同部门之间的沟通机制并加大BIM技术应用力度等，多管齐下，使房建工程建设质量及安全得到更大的保障，为工程施工建设创造出更理想的效益。

参考文献

[1] 游吓细. 简谈房屋建筑工程监理现场质量管理中的问题与对策 [J]. 大众标准化，2022（18）：40-42.
[2] 黄佳扬. 分析房屋建筑工程监理单位项目质量管理实践 [J]. 砖瓦，2022（1）：105-106.
[3] 马勇. 浅议房屋市政工程监理管理现状存在的问题及对策 [J]. 中国建筑金属结构，2021（12）：9-11.
[4] 周峰明. 浅谈房屋建筑工程监理管理存在的问题与解决策略 [J]. 砖瓦，2020（12）：127-128.

水电站工程建设监理服务费现状分析及对策探讨

郭耀杰

中国水利水电建设工程咨询中南有限公司

摘　要：监理酬金是监理企业赖以生存和发展的血液，2015年我国工程监理费收费标准全面实行市场调节价，但由于地域性经济差异以及缺少监理市场监管性文件，各企业监理服务费报价参差不齐，很多企业的监理服务费甚至达不到合理的监理成本水平。导致监理行业发展陷入监理队伍不稳定、服务质量不高的恶性循环，严重影响监理行业的健康发展。本文通过分析我国建设工程监理服务酬金现状，从合同造价管理角度出发，结合我国有关监理服务酬金的文献，分析在实际监理服务过程中可以采用的提升监理服务酬金的对策。

关键词：监理酬金；市场调节；对策

引言

1988年我国正式建立了工程管理监理制度，目前已有30多年的发展历史，工程管理监理制度对我国工程建设领域健康发展起到了一定的规范和促进作用。近年我国水电工程建设大力发展，目前已成为全世界水电站规模最大的国家，其中建设监理成为工程建设项目管理体系中的重要组成部分。根据国家能源局印发的《抽水蓄能中长期发展规划（2021—2035年）》，要求到2025年抽水蓄能投产总规模较"十三五"翻一番，达到6200万kW以上；到2030年抽水蓄能投产总规模较"十四五"再翻一番，达到1.2亿kW左右。规划的发布将再次推动水电行业朝着大型化和清洁高效的方向发展，监理行业也将再次迎来发展的春天。但是长期以来，我国监理企业数量较多，层次不一，加上水电工程建设工期长、地理位置偏僻、需要监理企业驻点工作等多重影响因素，导致长期偏低的监理服务费严重影响着监理行业、监理企业的健康发展。本文针对水电行业监理服务费的现状及我国监理服务费计取标准，探讨监理服务费取费低的原因，通过理论分析和实际可行分析相结合，站在监理合同管理的角度，找出实现监理服务酬金合理的对策，以提升监理企业的监理服务费。

一、监理服务费计费标准的政策规定及市场行情分析

自推行监理制度以来，相关部门先后出台过两个关于监理服务费计价的文件。1992年，国家物价局、建设部联合印发了《关于发布工程建设监理费有关规定的通知》（〔1992〕价费字479号），规定了三种计价方式：一是按所监理工程概算的百分比计收；二是按照参与监理工作的年度平均人数计算；三是由建设单位和监理单位通过协商确定。2007年，《国家发展改革委、建设部关于印发〈建设工程监理与相关服务收费管理规定〉的通知》（发改价格〔2007〕670号），指出建设工程监理与相关服务收费根据建设项目性质不同情况，分别实行政府指导价或市场调节价。政府指导价计价方式按调整系数的方式计算监理服务费，即：施工监理服务收费 = 施工监理服务收费基价 × 专业调整系数 × 工程复杂程度调整系数 × 高程调整系数 × （1 ± 浮动幅度值）。2015年，国家发展改革委印发了《国家发展改革委关

于进一步放开建设项目专业服务价格的通知》(发改价格〔2015〕299号),全面放开工程监理费收费标准,实行市场调节价。2016年,国家发展改革委令第31号对《关于印发〈建设工程监理与相关服务收费管理规定〉的通知》(发改价格〔2007〕670号)进行了废止。

根据对比分析(表1),1992—2007年期间,监理费取费标准有所提高,这使得监理企业效益提高、队伍稳定,技术也有进步,工程监理行业得到发展。但是由于监理企业数量激增,行业间的恶性竞争使得很多企业将监理取费下浮,且无论工程难度多大,是否存在危险性较大的分部分项工程,都下浮20%甚至更多,监理企业只得中标后靠减少投入和降低标准来避免亏损。2015年工程监理费收费标准全面实行市场调节价,但由于地域性经济差异、缺少监理市场监管性文件等原因,各企业监理服务费报价仍然参差不齐,很多企业的监理服务费甚至达不到合理的监理成本水平。

根据部分地区监理协会发布的2015年市场调节价实行后的监理人员基本费用参考价,总监理工程师月平均工资为2.5万元左右,专业监理工程师月平均工资为1.5万元左右,监理员月平均工资为0.7万元左右;而近年各监理企业投标报价中总监理工程师月平均工资为2.0万元左右,专业工程师月平均工资为1.0万元左右,监理员月平均工资为0.5万元左右;投标报价水平在市场价70%左右。从以上对比分析可知,目前监理价格水平并不符合现今的市场标准(表2)。

二、监理服务费计费方式及经营成本分析

目前监理服务费计费方式主要还是采用综合费率法和人员综合计算法两种形式。

综合费率法是按照工程投资额、复杂程度等来计算。这种方法比较简便,业主和工程监理企业也容易接受,采用这种方法的关键是确定计算监理费的基数和监理费用百分比。综合费率法的优点是计算方便,容易操作,缺点是费率过低,造成监理单位无法按照工程实际配足人员,监理单位对各项开支无须详细记录,建设单位也无须审核监理单位的成本。此方法的不足之处还有:第一,如采用实际建设成本作基数,监理费直接与建设成本的变化有关,因此监理工作越出色,越节约投资,监理的收入越少,这显然是不合理的;第二,这种方法有一定的经验性,不能把影响监理工作费用的所有因素都考虑进去;第三,建设单位对监理人员、设备投入的管理缺少依据。

人员综合计算法是按照工程施工时段内监理单位投入各类监理人员综合费用乘以相应监理人员数量来计算。建设单位支付的监理费用,是按监理单位实际消耗时间进行补偿。监理单位不必对成本做出精确的估算,此法对监理来讲更方便、灵活,对业主来讲也能更好地管理监理人员、设备的投入。但监理单

新旧标准监理费取费对比表 表1

序号	〔1992〕价费字479号		发改价格〔2007〕670号		
	工程概算(M)/万元	施工监理取费费率(b)/%	工程概算/万元	施工监理服务收费基价/万元	施工监理取费费率/%
1	M<500	2.50<b	—	—	—
2	500≤M<1000	2.00<b≤2.50	500	16.5	3.30
3	1000≤M<5000	1.40<b≤2.00	1000	30.1	3.01
4			3000	78.1	2.60
5	5000≤M<10000	1.20<b≤140	5000	120.8	2.42
6			8000	181	2.26
7	10000≤M<50000	0.08<b≤1.20	10000	218.6	2.19
8			20000	393.4	1.97
9			40000	708.2	1.77
10	50000≤M<100000	0.60<b≤0.80	60000	991.4	1.65
11			80000	1255.8	1.57
12	100000≤M	b≤0.60	100000	1507	1.51
13			200000	2712.5	1.36
14			400000	4882.6	1.22
15			600000	6835.6	1.14
16			800000	8658.4	1.08
17			1000000	10390.1	1.04

2015 年市场调节价后部分地区监理人员基本费用参考价　　表 2

监理人员类别	监理人员级别	湖南省（湘监协〔2016〕2号）	海南省	上海市、江苏省、浙江省（沪建咨协〔2015〕11号、苏建监协〔2015〕4号、浙建监协〔2015〕19号）	江西省（赣建监协〔2017〕011号）	广州市、深圳市、珠海市、佛山市（粤建监协〔2015〕21号）	河南省（豫建监协〔2015〕19号）	山西省（晋建监协〔2018〕9号）
		万元/年	万元/月	万元/年	万元/月	万元/月	万元/月	万元/月
总监理工程师	高级职称	28~34	>2.8	>35	>2.5	3.05	>2.4	2.04
	中级职称	22~28	2.0~2.5	25~35	2.0~2.5	2.54	>2.0	—
总监理工程师代表	高级职称	18~22	—	—	—	2.29	—	—
	中级职称	16~18	—	—	—	2.03	>1.8	1.7
专业监理工程师	高级职称	16~18	1.5~2.0	17~25	1.5~2.0	1.83	—	—
	中级职称	12~16	1.2~1.5	12~17	1.2~1.5	1.63	>1.5	1.36
监理员	—	8.5~9.5	0.5~1.0	6~10	0.6~1.0	0.913	>0.8	0.91

位必须保存详细的人员、设备投入表，以供建设单位随时审查、核实。建设单位必须严格控制人员、设备的投入，否则会造成经费的滥用。即便如此，建设单位也会怀疑监理工程师的努力程度不够导致人员投入增加或使用了过多时间。

根据水利部《关于印发〈水利工程施工监理招标文件示范文本〉的通知》（水建管〔2007〕165号）的文件内容，水电站工程监理服务费投标报价推荐采用人员综合计算法计算，实施过程中建设单位、监理企业能更好地了解、控制监理成本的支出。从人员综合计算方式来看，监理企业经营成本主要包括直接成本（人员、设备）、间接成本（企业管理）、税金和合理利润四部分。根据各地区监理协会发布的监理取费标准，企业管理费一般为 15% 左右，企业利润一般为 10%，税金一般为 6%，因此，人员、设备投入的直接成本占 70% 左右。

三、提升监理服务费的对策分析

水电项目建设由于工程规模大、工期长、工程等级高、技术难度大、安全性要求高，以及工序和施工内容繁多等因素，往往是一项庞大而复杂的系统工程，要求监理从业人员需具备较好工程基础理论水平、工程技术经验、工程经济和商务管理水平，以及综合管理和协调能力。同时，水电项目建设基本都在山区，监理需驻地组建监理项目部，并长年在建设工地现场工作，条件更为艰苦，人员成本、间接成本支出高。加之工程建设过程中新增、变更项目多，建设单位要求高，不确定影响因素多等原因，监理企业实际支出成本往往远高于投标报价。

监理服务费是监理企业赖以生存和发展的根本，在我国目前工程监理实行市场调节价的环境下，监理企业只有努力寻找提升服务费的对策，才能促进监理企业的发展。通过分析现行国家或地区颁发的监理服务收费政策文件、《水利工程施工监理合同示范文本》GF-2007-0211，笔者认为可以从以下几方面去获得额外监理服务费，以提高监理企业收入。

1. 水电工程建设工期较长，一般为 5~6 年，甚至 10 年以上，实施过程中由于社会经济水平提升，监理人员工资水平上涨，且监理支出成本有 70% 为人工成本，导致监理企业人工成本支出远超合同人工费。因此，可参照《水利工程施工监理合同示范文本》GF-2007-0211 第三十四条："国家有关法律、法规、规章和监理酬金标准发生变化时，应按有关规定调整监理服务酬金。"之约定对监理人员综合单价进行价差调整。调整办法可参照《建设工程工程量清单计价规范》GB 50500—2013 中第 9.7 节"物价变化"计算出合同中监理人工费用，对人工费上涨进行调整。由于目前国家相关部门、行业未发布监理人工工资水平指数，因此可以参照水电水利规划设计总院可再生能源定额站每半年发布的《水电建筑及设备安装工程价格指数》中水电工程单一调价因子人工费价格指数进行调整。也可将整个监理服务合同费用看成一项管理性费用，按该文件中的管理性费用指数进行调整。通过对 2016—2022 年人工费指数进行统计计算，7 年时间人工费指数增长近 30%（图 1）。

2. 根据《水利工程施工监理合同示范文本》GF-2007-0211 第三十六条："因工程建设计划调整、较大的工程设计变更、不良地质条件等非监理人原因致使本合同约定的服务范围、内容和服务形式

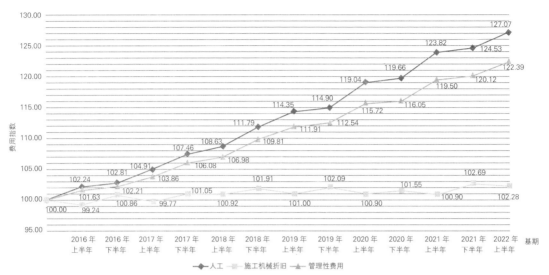

图1 水电水利规划设计总院发布的近年主要调价因子价格指数走势图

发生较大变化时,双方对监理服务酬金计取、监理服务期限等有关合同条款应当充分协商,签订监理补充协议。"水电工程建设项目是个复杂的建筑群体,同其他工程相比,包含的建筑群体种类多,涉及面广。除拦河大坝、主副厂房外,还涉及变电站、开关站、输变电线路、公路、桥涵、给水排水系统、通风系统、通信系统、辅助企业、房屋建筑、园林绿化等,在工程建设过程中由于受到发包人原因、地方政府原因、工程地质原因、第三方原因等不可预见因素的影响,各项新增工程、工期延误或延长、不可抗力事件等不可避免,同时由于水电工程地理位置偏僻,施工的不间断性,要求监理机构现场设置项目部,监理人员长期驻扎工地,势必增加监理人员及监理工作量,从而产生附加服务费用。同时根据水利部组织编制的《水利工程建设施工监理机构监理人员配置标准导则》(征求意见稿初稿)第三条:"监理人员配置标准以施工监理服务期内各月监理人员的数量分配表示,单位为'人日',按日历月统计。这里'日'为8h,月工作天数按21.75天计。"监理

企业在投标时一般按照《水利工程施工监理合同示范文本》GF-2007-0211以每月21.75个工作日计算监理人月费单价。在工程监理服务过程中监理人员的实际投入量将超出合同约定,因此在监理服务过程中及时与发包人签认详细考勤记录凭证,对超出合同约定的工作日进行索赔补偿,按照监理员工集中休假制度考虑,平均每人每年休假60天,超出部分监理人员费用可提升约17%。

结语

我国监理企业服务酬金一直处于低水平,监理企业以低于成本价中标的行为并不少见。加之业主都有自己庞大的建设管理队伍,对监理的认可度不高,在业主看来,现行的监理服务取费不是低了,而是高了。因此在洽谈监理合同时,对监理服务酬金一压再压,以收费低作为选取监理企业的先决条件。这些取费服务酬金不合理、低价抢标等现象导致了监理行业发展陷入一种恶性循环,使得监理人员流动性大、队伍不稳定、

服务质量不高、缺乏发包人的信任等。所以监理企业要在复杂多变的环境中寻求提高服务酬金的对策,除了依赖建设工程监理收费标准的提高,监理服务环境的改善之外,监理企业更应提升自我服务水平与服务质量。按照独立、自主、公平的原则开展监理工作,赢得业主的信任,获得合理的监理服务酬金,实现监理企业的健康发展。

参考资料

[1]《水利工程施工监理合同示范文本》GF—2007—0211。

[2]《建设工程工程量清单计价规范》GB 50500—2013。

[3]《国家发展改革委、建设部关于印发〈建设工程监理与相关服务收费管理规定〉的通知》(发改价格〔2007〕670号)。

[4]《关于发布工程建设监理费有关规定的通知》(〔1992〕价费字479号)。

[5]《关于印发〈水利工程施工监理招标文件示范文本〉的通知》(水建管〔2007〕165号)。

[6] 中华人民共和国国家发展和改革委员会令第31号(2016年)。

[7]《国家发展改革委关于进一步放开建设项目专业服务价格的通知》(发改价格〔2015〕299号)。

[8]《水电建筑及设备安装工程价格指数》(可再生定额〔2022〕37号)。

企业文化塑造、人才培养的经验探索与思考

龚继平

山西鲁班工程项目管理有限公司

一、企业文化的内涵

企业文化的内涵表现为"有目标、有标志、有实力、有品牌、有典范"。

（一）要有目标，才能彰显企业的经营理念

企业的核心是价值和目标，它可以激发员工努力奋斗。有了目标，就会有动力。企业是什么样的企业、拥有什么样的团队，是企业价值理念、发展目标的体现，彰显了企业的责任与使命。

（二）要有标志，使企业的文化经营变得简单

企业标志是企业文化外在的集中表现，是企业形象展示的符号。企业的文化价值非常重要，因为其能让员工心悦诚服，团结一致，减少协同的成本。识别一家企业，必须从企业的标志入手。企业标志有许多不同的内容，视觉符号、口号、广告语、工作服、安全帽，甚至企业的概念，都是企业标志的明显体现。

（三）要有实力，才能为企业的文化经营提供人力支持

文化的实施有赖于具体的执行力。虽然企业的管理者和员工仅仅是规划者、组织者、辅导员和督导者，但是因为他们的存在，可以促进组织的变化。因此，企业的文化工作应该受到企业的高度关注，并成立相应的附属机构，真正让企业文化工作的价值得到充分展现和彰显。要在企业文化经营工作中，建立一套长期的人力资源培育制度，以保证其在实施和运作中具有充足的人力资源，从而保证其工作有序、有效、有力。

（四）要有品牌，以彰显企业的经营风格

品牌是企业文化的产物，它包含着企业的市场和服务观念、服务方式、服务内容。唯有独特的品牌效果，才可以充分展现企业的个性特征。

（五）要有典范，突出良好的企业文化经营典范作用

好的模范能够让职工学习，发挥带头的效果。在企业文化中，树立榜样和示范往往是一种催化剂，它可以激发和引导员工去创造一个好的企业环境，推动一个企业的健康发展。

二、监理企业的文化塑造与构建

（一）企业文化的界定

构建企业文化的本意在于建立与各利益双方之间的协调，以提升服务品质，促进企业的健康发展。只有当企业文化与企业环境相匹配并且与利益关系者的共同利益相匹配时，这种文化才是和谐的，才有利于监理人员的共同发展。

（二）职工交流

1. 组织新员工座谈会、老员工座谈会、管理人员座谈会等，以掌握各阶层员工的需要，回答员工的问题，搭建企业管理人员与现场监理人员的沟通桥梁。

2. 与监理人员定期进行沟通，了解其思想动向及需求，对其进行及时的思想指导。

3. 大力推进监理工作中的合理化意见，充分调动全体职工的主动性和创造性，同心协力，持续完善企业的经营。

（三）组织学习，注重营造学习氛围

要使员工在工作中切实体会到企业的文化内涵，其中一个很重要的方法就是要不断地学习。通过对监理人员的培训，培养监理人员以企业利益为中心的思想品德，树立大局、奉献、责任和合作意识。学习是企业可持续发展的关键，是企业文化被认可和贯彻的强大保证。

（四）加强对企业的文化投入

文化投资与其他方面的投资一样重要，企业文化资本的存量影响了其他资本形式的结合程度和活力。因此，企业要在文化上进行投资、建设和培育，塑造一个具有监理人员共识的企业形象，增强企业员工的凝聚力、荣誉感和忠诚度，并指导和转变他们的价值观和行为方式。

（五）设立一种行之有效的奖励制度

为了维持企业的持续创新，需要设立奖励制度。把激励员工积极性作为一种日常的经营和管理活动，培养尊重创新、尊重人才的文化环境，让所有人都能感受到其职业生涯的成功。要想留住优秀的员工，就要建立起一种合理、高效的管理制度，以充分体现监督管理的能力。

三、实施监理人员培养途径

（一）多渠道的社会招聘

多种途径招聘是企业发展的必要条件，部分监理企业是国企或者设计院转型成立的，技术人才的加盟，成就了一批当今领军企业。借助特有的技术资源，招聘具有理论知识、技术技能、敬业精神、实际工作经验与协调能力的专家、资深顾问为企业做技术咨询服务，择英才而用之。

（二）多层次的经验传承

重视人才的培育就是要做好梯级的引进和后备补充，要充分利用"传、帮、带、培"的优势，深入挖掘，重点培养有潜力的人员，使其构成企业长远发展的人才梯队；在实际工作中，帮助他们解决困难，引导他们到第一线去历练，培养他们做监理者的志向，让他们早日成长，走上自己的工作岗位，迎接新的考验。人事部门要严格把关，录

用有利于企业发展、有职业素养和专业技术水平的人员，以达到多层次的经验传承。

（三）多元化的就业培训

监理人员的培养必须走社会化、多样化、专业化的道路，充分调动社会资源，开展专业技术教育，坚持高素质、高标准、严要求的根本原则。由于目前我国工程监理工作中的人力资源配置及专业质量问题较多，因此，在未来的工程建设中，要重视加强工程技术能力和管理能力的培训，要对具有相应资质的工程监理人员进行定期的培训，同时要强化在职和继续教育，确保其能够更好地满足新工程技术、新施工工艺、新标准规范等新的需求。

（四）跨地区的交流互动

加强跨地区的项目信息共享，促进各部门之间的相互沟通，是提高员工培训质量的关键。跨地区企业的员工之间进行沟通可以加强地区间知识、技术和信息资源的协作，实现对人力资源的有效配置。通过项目的不同特性，可以让工作人员在相互沟通中增长知识，开阔眼界，提高能力，积累经验，确保人才充分利用。在多个环境中锻炼，能使工作人员更快地成长起来。

（五）多层次的训练

培养人才的终极目的，就是要使在工程建设中培养出来的优秀员工能充分施展才华。要让有资深经验的总监，做

他们的指导老师，进行多层次的培养和训练。使其能够独立面对工程建设监理过程中的问题，正确把握有关规范，与各职能单位进行有效沟通和配合。通过实践经验的累积，让他们成长为企业经营和管理的生力军。

结语

在当前建筑市场不断变化的形势下，现代监理工作必然呈现出专业化、社会化、多元化的特点。作为监理行业的重要组成部分，监理人员必须清楚自己的工作责任，要有对知识的迫切需求，认识到自己的技术水平与其他同行业的技术水平还存在很大的差距，企业管理者在企业经营发展中必须坚持全方位、立体化的企业文化塑造和人才培养的基本理念，树立人才培养全局观，"不拒众流，方为江海"。通过对知识的充分尊重，对监理人员进行科学的培训，使其综合能力和市场竞争能力得到提高，从而保证企业的健康、可持续发展。

参考文献
[1] 刘鹏. 企业文化促进人才培养的探索研究[J]. 现代企业文化，2021（6）：11-12.
[2] 刘利. 企业文化创新对企业管理的影响[J]. 中国经贸，2021（21）：104.
[3] 杨浩. 关于新时代职工队伍建设的探索与实践[J]. 企业文化（中旬刊），2020（3）：283.

监理企业治理结构与企业文化塑造的相关思考

刘国红　赵　亮

山西亿鼎诚建设工程项目管理有限公司

摘　要： 企业的经营发展需要建立完整的治理结构，并结合时代发展的潮流，建立与公司发展相适应的企业文化，通过系统规范的监督治理，提升企业管理水平。基于此，本文以监理企业为主要研究对象，首先简单介绍了治理结构和文化塑造的相关内容，其次分别说明了监理企业治理结构与文化塑造存在的主要问题，最后有针对性地提出了几点整改措施，希望能够给同行带来一定的帮助。

关键词： 监理企业；治理结构；文化塑造；整改措施

引言

科学技术水平的提升促使企业的管理人员更加注重内部结构的经营质量，如何结合企业经营目标，构建科学合理的文化管理机制是社会广泛关注的热点话题，对此，国家的有关部门应完善和改进现实公司治理的诸多问题，在制定完整的内部控制制度后，逐步提高员工文化素质，通过有效激励手段来确保监理企业平稳运行。

一、监理企业治理结构和文化塑造内容介绍

（一）完善监理企业法人治理结构的重要意义

1. 建立完善法人治理结构是改革的要求

为确保市场运行机制良好，在互联网信息技术不断普及的基础上，国家的有关部门应按照市场发展的基本原则，对企业内部的股权进行合理分配，在多个部门充分交流的基础上，建立平衡的法人治理结构，通过一系列手段促进资产流动和财务收支平衡，在合理的企业执行管理和综合管控下，形成一套完善的内部治理机制来减少经营期间的各类风险[1]。

2. 建立完善法人治理结构是企业创新的基础

受历史遗留等诸多因素影响，监理企业在实际运营过程中存在很多安全治理隐患，这就需要管理者深入基层内部，全面了解并分析员工实际的工作状态，在对企业运行体系的管理信息进行综合研究之后，制定整改方案，来完善和改进企业法人治理结构，进而为监理等相关企业发展创新优化升级提供诸多动力，

在建立先进的管理机制后，为全体员工营造良好的工作环境。

（二）文化塑造

在监理企业实际经营发展期间，应重点关注内部文化建设，即要充分掌握企业与员工的价值观念和经营理念，通过有效的管控手段产生有利于企业发展的要素特征，在提升企业整体形象后，取得人们的信任，进而提高其整体信誉度，打造良好的品牌形象[2]。

二、监理企业治理结构与文化塑造存在的主要问题

（一）治理结构方面的问题

1. 企业治理结构不完善

虽然国内的大部分监理企业都根据《中华人民共和国公司法》的规定建立了以董事会、股东会以及监事会

为主要核心的管理结构，但是在实际的经营管理期间，三个部门并没有充分发挥具体的实际功能，在没有平衡权力的情况下，无法构建一种各个部门各司其职、相互制约的局面，加上监事会的工作人员可能出现偷懒敷衍不作为的现象，监事会的监督职能只是一个摆设，很多重要岗位无法切实发挥其主要作用。

2. 企业管理者激励和约束机制缺失

企业的制度管理存在太多的形式主义，从一定程度上导致员工没有正确认识工作业绩的重要性，在没有太多薪资激励以及福利待遇的吸引下，内部人员不具有认真、负责的工作态度，在较为松散的工作环境下，财务信息、生产经营信息的不准确可能导致管理人员的决策失误，造成市场开拓力不足。对此，企业管理者应牢牢把握市场机制变化，并利用先进的计算机处理技术来更新和获取最新的市场动态信息，再紧密联系企业管理水平等生产条件，从而在激烈的市场竞争环境下准确定位，减少投入不必要的人力、物力资源[3]，为企业创造更多的经济效益和社会效益。

（二）塑造文化的问题分析

1. 员工对企业文化的理念不熟悉

由于没有对员工进行岗前技能培训，造成许多企业的员工并没有牢记企业发展经营理念，在日常工作中，也没有对企业主要使命、整体战略目标和企业文化内涵、企业文化精神有着深刻的认识，只能从字面含义了解大体内容，对内部文化建设形成了诸多不利因素。

2. 员工对企业文化的价值不信任

通过对监理企业内部员工的日常行为和言语可以看出，有很大一部分人对企业倡导的文化价值不够信任，虽然能够熟悉企业的文化细则和主要内容，但在其内心深处并没有形成强烈的精神共鸣[4]，对自身的行为也并没有按照企业文化管理机制进行约束；加上他们受传统思想观念束缚以及文化建设工作参与灵活度较低，一些员工只能盲目地接受企业文化，内部缺失问题严重。

三、监理企业治理结构与文化问题的整改措施

（一）治理结构方面

1. 建立职责清晰、运转协调、制衡有效的公司治理结构

在现代企业运行机制中，公司制是企业经营管理的主要形式之一，因此企业的治理结构显得格外重要。管理层应配设优秀的管理人才，通过有效的管控方式来建立完整的股东会、董事会以及监事会，并赋予他们主要的权力和责任，形成经营决策机构、权力机构互相约束、限制的管理模式。同时，企业的内部管理部门还应按照企业规章管理条例，妥善地解决代理人与委托人之间信息不对称、所有权与经营权分离等诸多问题，在提升企业组织效率后，确保股东利益最大化，在完善市场运营机制后，满足市场经济发展的要求。

2. 强化监事会的监督职能

合理的监督管理机制是确保企业治理结构完整的条件之一，而监事会的设立是其重要的影响因素。一般情况下，股东主要通过委托代理的方式来形成一套管理方案，进而产生内部的监事会结构，工作人员通过对决策管理者、董事会成员工作行为进行监督，保证股东和其他成员的利益不受侵害。首先，可以通过一系列的岗前培训来提高监事

会工作人员的综合素质，实施丰厚的物质奖励来提升其整体的内部监管水平。除此之外，监事会成员还应及时地更新掌握财务知识、审计知识以及各类宏观、微观经济发展的动态，在具备综合的工作能力素养后，提升整体的监督管理效果[5]。

3. 全面落实监理企业的管理责任

确保不同企业的资产状况处于保值状态是监理企业运行的主要职责之一。首先，在实际管理期间，相关人员应针对管理单位的实际情况制定相应的管控细则，降低企业实际经营风险；其次，监理部门还可以要求企业董事、监事通过全面交流和探讨，优化和完善企业内部治理的诸多问题，从而更好地完成企业的投资、借贷以及相关经营管理工作；最后，通过不断的实践，来确定不同工作人员的职责、履职要求以及工作注意事项，在一系列的绩效考核机制管理下，提高员工工作的积极性和主动性，在吸引更多优秀人才参与到企业结构治理后，促进企业健康发展。

4. 建立健全预警管理体系

监理企业应根据企业的经营战略和实际情况，同时紧密联系公司评价期间出现的风险构建一套完善的监督预警体系。在建立该体系之前，管理者应全面收集相关工作信息，经过妥善的信息提取、内部资源整合来对未来经济发展趋势进行判断，在牢牢坚持科学发展观的管理思想基础上，对日常工作的突发紧急事件提出有效的解决方案。除此之外，监理企业还要密切关注企业产权分离的问题，通过合理的方式来改善公司权力分配的问题，在全面干涉和控制监测下，始终坚持以人为本的发展理念，防范各类风险意外事件发生。

（二）企业文化塑造方面解决措施

1. 榜样示范

首先，监理企业的管理人员应找出几例工作典型，发掘企业文化建设管理中的优秀人物和企业文化管理典型事迹，通过网络平台资源、企业微信公众号以及印发宣传手册来提炼企业文化内涵和具体的文化理念，在充分展现企业文化精神后，激发员工工作的积极性和主动性，在正面的先进企业文化事迹影响下，确保企业的文化水平得以提升。

2. 激励引导

监理企业应通过学习国内外成功的文化建设管理案例，形成一套有效的激励引导管理体系，在科学的激励管理模式中，对工作表现突出的员工给予升职加薪奖励，并为其提供出国深造的学习机会，让员工在文化建设管理工作中体会到个人的责任感和成就感，从而为其他员工塑造正面的引导形象。

结语

总而言之，企业治理结构和文化塑造工作的实施会受到外界各种环境因素的影响，管理部门首先应做到统筹规划，在制定合规的工作方案后，避免各种意外风险事件的发生；其次，应投入适当的建设资金，采购一些质量较高的基础系统软件，同时聘请优秀的监理工作人员，将科学完整的相关审计理念应用到公司运营管理之中，促进社会的和谐与稳定[6]。

参考文献

[1] 王志良. 浅议加强企业文化建设推进公司治理[J]. 经济师，2015 (2)：282-283.
[2] 方敏. 企业文化与内部控制环境关系研究的启示[J]. 山西财政税务专科学校学报，2015 (5)：36-38.
[3] 刘伟. 监理企业向全过程工程咨询转型的实践与探索[J]. 建设监理，2021 (4)：57-59，63.
[4] 周秀红. 基于完善现代企业制度的国有企业党建与企业文化创新系统同构[J]. 辽宁工业大学学报（社会科学版），2015 (2)：70-75.
[5] 王曙光. 农垦体系现代企业制度构建与优质企业培育[J]. 新疆农垦经济，2019 (3)：13-17.
[6] 郗秀玲. 民营工业企业内部环境控制体系建设：由"长生生物"被强制退市决定书所想[J]. 中国市场，2019 (30)：64-65.

监理企业以党建引领实现人才强企的探索与实践

陈天衡

北京赛瑞斯国际工程咨询有限公司

摘　要：在新时代，以党建引领实现人才强企是企业可持续发展的关键，对于监理业来说，人才更是核心竞争力。本文将从新时代党建引领的角度出发，探讨如何充分发挥企业在人才引进、选拔、培养的主体作用，进一步调动企业做好人才工作的积极性，提高企业的整体素质和核心竞争力，助推企业高质量发展。本文阐述了党建引领下人才强企的意义，并结合实践提出了相应的策略措施，为企业以党建引领实现人才强企的高质量发展目标提供参考。

关键词：党建引领；人才强企；探索实践

当今时代，人才是企业发展的源动力，对于监理行业来说，人才更是核心竞争力。赛瑞斯公司全面贯彻习近平新时代中国特色社会主义思想，深刻领悟"两个确立"的决定性意义，增强"四个意识"、坚定"四个自信"，坚持党管人才，在党的人才战略思想引领下，扎实做好新时代人才工作，在构建人力资源体系、探索人才引进、构建人才培养系统、完善人才选拔机制和激发员工忠诚度等方面勇于探索和实践，取得了较好的效果。

一、党建引领下人才强企的重要意义

（一）党建引领下的人才强企是新时代的发展要求

党的十九大提出了"人才强国"战略，党的二十大更是就"实施科教兴国战略，强化现代化建设人才支撑"进行重点部署，强调必须坚持人才是第一资源，并就深入实施人才强国战略做出详细部署，这为企业人才强企提供了重要的指导思想。如何通过党建引领推进人才强企，提高企业的整体素质和核心竞争力，是企业必须深入思考的问题。

（二）党建引领下的人才强企是企业发展的核心动力

近年来，学者们对党建引领下的人才强企进行了广泛研究。研究内容主要包括人才强企的重要性、策略措施以及实践案例等方面。研究表明，党建引领下的人才强企是企业发展的核心动力，能有效增强监理企业的开拓创新能力、市场品牌影响力以及提高社会经济效益。

二、党建引领下探索构建人力资源体系

（一）建立健全人力资源管理体系，推动党建同企业人才发展的深度融合

健全的人力资源体系对于人才强企目标的实现具有至关重要的作用。通过提高员工绩效、优化组织结构、增强人才管控、提升员工满意度、传播企业文化正能量、促进企业发展以及规范人力资源管理流程等方面的不断提升，企业才能够做到吸引人才、用好人才、培育人才、留住人才，真正激发人才主观能动性，实现可持续发展并保持竞争优势。

深入贯彻落实国有企业改革发展的思想路线、原则和法律法规，融入人力资源体系的建设和完善——并将落实成果将人力资源管理水平和能力列入"十四五"规划和每年的重点工作，并取

得显著效果，为企业的高质量发展打下坚实基础。

（二）发挥党建引领前瞻性，树立正确人才观，加强引进力度

人才是企业发展的动力，对于工程咨询行业来说，人才更是核心竞争力。企业应以党的路线、政策为依据，坚持党的领导，强化党的建设，将党建和党的领导与企业人才引进工作相统一，为企业高质量发展提供充分的人力资源保障。

（三）党建工作指导实践，基于业务需求，做好人才规划

作为党建指导的人才引进，赛瑞斯公司秉承思贤的爱才之心，伯乐的识才之智，海纳的容才之量，从大局出发，对企业现有人力资源的学历、技能、年龄等方面进行分析，制定契合企业实际情况的人才引进长期远景规划和年度专项计划。并通过季度招聘例会和紧急人才变更申报的形式滚动更新，保证规划的执行落地，满足业务需求。

三、党建引领下探索人才引进的措施和办法

（一）党管人才，细化人才需求类型，拓宽人才引进渠道

企业充分发挥党建工作的前瞻性，树立正确的人才观，秉着发现和识别优秀人才的理念，基于业务实际需求，按照不同类别的特点确定人才引进的政策和渠道，通过实地调研、招聘例会和急招通道申请等方式，力争快速响应业务需求，因地制宜、因时制宜，最大限度支持企业在激烈的竞争中行稳致远、拓展疆域，实现愿景目标。表1从人才类别、需求原因、具体人员类别、引进政策、主要招聘渠道等方面作了人才引进

分析简要说明。

（二）修炼内功，提升招聘管理能力，保障人才引进成功率

细节决定成败，规划和政策的目标实现离不开有效的组织实施，企业通过复盘和提升，不断加强招聘管理能力，提升人才引进成功率，有效降低人才招聘成本。

（1）通过有组织的规划、合理的程序、阶段性复盘、招聘官专项培训等方法不断提高招聘能力。

（2）通过建立内部推荐奖励机制，鼓励并发挥广大员工的宣传作用，提高人才引进效率。

（3）不断和猎头公司精准候选人画像，有针对性地确定目标人选，提高人才引进的精准度。

（4）建立招聘公众号，展示企业形象，为人才引进建立官方渠道。

（5）通过策划一系列企业品牌推广活动，提高企业品牌在人才市场的知名度和美誉度，吸引真正的优秀人才，提升企业品牌知名度。

（6）建立公司级高端人才储备机制，让用人部门在高端人才的储备和使用上解除成本压力，放开手脚，勇于开拓。

四、坚持党建引领，实施构建人才培养系统

（一）党建引领锚定需求，构建立体全面的人才培养系统

针对不同人才特点，通过调研、访谈、盘点等多种形式进行需求确定，形成覆盖面广、形式多样的立体人才培养体系。

（1）针对高层培训：以多种形式、多种项目培养高层领导者洞察问题、统筹全局的能力以及解决问题、建设团队等综合经营管理能力。

（2）针对中层培训：主要培养中层人员在相应领域内的专业知识和管理技能，多种途径提高其综合能力与竞争力。

（3）针对基层培训：通过每季度的赛瑞斯充电站、半年度的赛瑞斯兴趣营等培训活动，为员工提供自我学习提升的机会，使基层员工更加认同企业文化和核心价值观，提升员工工作技能，培育员工的精神风貌。

（4）针对新员工：应届毕业生组建新锐班，通过企业文化导入、高层见面会、导师带教等系统化培养计划助力骨干员工成长；社招新员工培训常态化，

人才引进分析 　　　　　　　　　　　表1

人才类别	需求原因	具体人员类别	引进政策	主要招聘渠道
高端稀缺人才	市场稀缺、快速开拓新业务、提高竞标成功率、提升企业业务能力	高级营销人才、满足企业资质增项或有执业业绩的高级生产人才、高级技术人才等	高效快速，要紧跟市场行情，把握人才动向，因人而异，制定有针对性的引进措施，采取灵活多样的引进政策，不拘一格地引进	猎头内推
人才更换计划	适应行业发展企业人才更新换代，可培养、可塑造的储备性人员	有潜力的应届毕业生——企业未来重要的创新和变革的力量	系统的培养计划 企业品牌树立 校企合作	校招内推
业务支持需求	优胜劣汰 人员流失补岗	具有一定工作经验满足用人岗位标准多为基础岗位人员	做好新员工引导、尽快适应岗位要求、按各项政策做好员工服务	社招内推

每月滚动进行，通过企业文化导入、规章制度宣贯等系列课程助力新员工尽快融入企业。

（5）建立党建专题板块，将党建学习的范围从党员、积极分子拓宽至所有员工，将定期学习成果上线，变定期学习为不限时间和地点的日常学习。

（6）定期组织专项技术培训，比如协会的培训取证、内训师培训等，不断丰富和优化各类培训的学习内容。

（二）党建引领创新求变，构建学习型组织

依托赛瑞斯员工培训基地，不断完善培训体系标准化和规范化建设，采取培训激励手段，开拓创新培训形式，全面提升现有员工整体素质水平，激发员工潜力，培育员工的精神风貌，提升员工企业归属感与团队凝聚力。

（1）通过宣讲、新闻、海报、课程等方式不断加强学习型组织理念的灌输，营造良好学习氛围，构建学习型团队。

（2）不断完善和更新培训体系制度化建设，规范培训运营与管理，丰富培训运营形式与内容，提升培训组织质量与效率。

（3）不断优化线上学习平台，开发新功能、提升活跃度，探讨学习行为量化方式，激励更多员工利用线上学习资源与学习机会不断提升。

（4）培养与组建讲师专家团队，萃取和总结企业优秀经验，形成内部知识共享，开发与引进专业课程，力争形成赛瑞斯公司自己的课程体系。

（5）进行培训调研与访谈，多途径了解与反馈培训需求，做到培训来源于业务，培训服务于业务，避免培训流于形式。

（6）建立学员参训数据档案，多样化应用培训成果，使学员参训情况与转正、选拔、晋级、评优等事项挂钩，为企业优质人才队伍的选拔和培养提供依据，促进企业健康长远发展。

五、坚持党管人才原则，实施建立完善人才选拔机制

管理干部和骨干员工是企业发展的中坚力量，他们在企业的战略执行、信息沟通、决策支持、团队培养和传承组织文化等方面发挥着重要作用，坚持党管干部原则，严格设置选拔条件，严格组织选拔程序，结合民主测评、考核培训等方式严格考核，最大限度挖掘和选拔企业发展所需的各类核心人才，为企业的高质量发展和提高核心竞争力提供强有力的人才保障。

（一）党建引领完善梯队建设，严格设置选拔条件

建立领导干部、后备干部和核心骨干三层梯队体系。将党性原则和思想品德作为选拔的红线，先德后才，根据干部"四化"建设的要求（即："干部队伍年轻化、领导班子结构化、专业人才职业化、领导干部复合化"）分别设置各梯队选拔标准，力争打造高素质专业化干部人才队伍。

（二）坚持党管人才，严格组织选拔程序

1. 通过干部竞聘，组建优秀干部队伍

优化企业干部队伍结构，有序推进干部队伍年轻化、构建队伍梯队化建设。明确干部选拔标准，以人为本，通过有序组织选拔与岗位述职竞聘相结合的方式，选拔业务水平高、管理能力强、绩效考评优秀的年轻干部，组建干部管理团队和后备干部人才库，积极调动年轻骨干员工拼搏向上、勇立潮头、干事担当的热情。最终形成一支数量充足、素质优良、专业化程度高、结构合理、多层级的干部队伍，以满足企业高质量发展战略要求。

2. 通过人才盘点，识别核心骨干员工

人力资源部组织对员工进行全面梳理，了解员工现状，结合业务发展实际情况与未来发展战略要求，明确企业所需人才的标准，有目标、有依据、有标准地推动人才盘点工作，通过科学的人才盘点，识别发现企业核心骨干，建立企业核心骨干库，为企业用人储蓄后备力量。

3. 能上能下，严格干部考核

建立综合业绩考核制度，定期对干部人才进行考评，结合360民主评议，对不能满足干部人才要求，无法肩负起干部人才责任的人员进行调整。建立干部人才履职能力和业绩档案，对其日常思想道德、工作态度和业绩表现等进行全面考核，以便及时掌握干部人才各方面情况。对干部人才管理进行及时调整，提高管理效率，从而在干部队伍中树立"能者上，庸者下"的机制，实现干部人才的优秀配比。

4. 加强党风廉政建设

本着对党忠诚的原则，通过识别风险、建立规则、反腐教育等机制全面反腐，让干部不敢腐、不能腐、不想腐。构建风清气正的党员干部队伍。

六、党建引领实践，组建高素质员工队伍，激发归属感和忠诚度

"招得来、留得住、培养得好"是企业人才队伍建设的工作方向，建设一支"业务能力强、职业素养高、综合素质高、组织忠诚度高"的员工队伍是企业人才队伍建设的目标。

企业未来人才队伍建设更关注员工能力和素质建设，严控人员规模，保证员工规模与业务发展相匹配。不断提升服务质量，通过优美的办公环境、有竞争性的薪酬水平、全面丰富的福利待遇、深入人心的企业文化等吸引员工、激励员工、引导员工。

结论

总之，党建引领下的人才强企是企业发展的核心动力，可以有效提高企业的开拓创新能力、品牌核心竞争力以及社会经济效益。同时，企业实践也表明，党建引领下的人才强企是企业管理者实现企业发展的有效途径。企业应该加强对党建引领下人才强企策略的重视和应用，为企业的可持续发展提供有力的支持。赛瑞斯公司将进一步畅通人才发展通道，激发人才强企活力，持续推进完成职级体系完善落地工作，让关键人才拥有多通道晋升、多选择发展的机会；继续秉持"校招为主、社招为辅"的招聘方针，加大各类人才引进，加强年轻员工培育；扎实开展后备人才推荐工作；加强轮岗交流，采用多种方式，做好员工激励，激发员工潜能，助力公司高质量发展。

参考文献

[1] 陈铭. 党建引领人才强企的实践与探索 [J]. 企业改革与管理，2020（4）：18-22.
[2] 王宁. 党建引领下的人才强企战略[J]. 企业管理，2019（10）：56-59.

福州市全过程工程咨询与监理行业协会

福州市全过程工程咨询与监理行业协会，原为福州市建设监理协会，成立于1998年7月，是经福州市民政局核准注册登记的非营利社会法人单位，接受福州市民政局的监督管理和福州市城乡建设局的业务指导，协会党支部接受中共福州市城乡建设局机关委员会领导。协会会员由福州市从事工程建设全过程工程咨询与监理工作的单位组成，现有会员300余家。

协会的宗旨是以马克思列宁主义、毛泽东思想、邓小平理论、"三个代表"重要思想、科学发展观、习近平新时代中国特色社会主义思想为指导，遵守宪法、法律、法规，遵守社会公德和职业道德，贯彻执行国家的有关方针政策。作为政府与企业之间的桥梁，协会积极发挥作用，向政府及其部门转达行业和会员诉求，同时提出行业发展等方面的意见和建议，当好政府的助手和参谋，加强双方的互动与沟通；承接政府部门委托，完成施工承包企业安全生产标准化考评、年度监理行业统计等各项任务，配合完成建设行业行风整治专项活动，完成了建筑施工质量安全管理现状及信息化手段应用调研工作。维护会员的合法权益，热情为会员服务，引导会员遵循"守法、公平、独立、诚信、科学"的职业准则，维护开放、竞争、有序的监理市场；协会组织、联络会员单位参加施工质量安全标准化现场观摩会等行业相关活动，有力推进了安全生产管理工作的贯彻落实，完善行业管理，促进行业发展；协会积极维护监理行业健康有序的经营秩序，鼓励行业自律，规范监理市场，成立了咨询委员会和自律与维权委员会，倡导会员单位共同创建福州监理市场的诚信机制，进一步增强廉洁自律意识，提高行业声誉；依托"两委"，开展走访调研，面向会员单位，实施网格化服务，形成更广泛的行业共识，提升协会凝聚力；协会还与各省市兄弟协会组成行业协会自律联盟，在平等互惠、信息共享、经验借鉴等方面加强合作，为促进协会会员企业跨区域发展搭建"绿色通道"，通过开展调研交流，学习借鉴了有关监理行业的转型升级、人才培养、自律诚信体系建设等方面的做法与经验。

多年来，协会积极参与文明城市创建，积极开展与部队、学校、社区的共建工作，在文明交通、文明旅游、诚信建设、垃圾分类、志愿服务等活动中做表率、当先锋，努力发挥协会的示范带动作用，树立良好社会形象。

2017年，协会经福州市民政局评估，取得5A级社会组织等级；2020年，协会党支部被中共福州市直城乡建设系统党委予"2019—2020年度先进基层党组织"荣誉称号；2021年，协会被中共福州市委和福州市人民政府评为"2018-2020年度市级文明单位"；2022年，协会再次获评5A级社会组织等级。

协会联合工会举办专题知识讲座

地　址：福州市鼓楼区梁厝路95号依山苑1座101单元
电　话：0591-83706715
传　真：0591-86292931
邮　箱：fzjsjl@126.com

（本页信息由福州市全过程工程咨询与监理行业协会提供）

开展主题党日活动，传承革命精神

咨询委员会开展网格化服务，走访企业调研

召开咨询委员会工作会议，专家委员讨论调研议题

与福州大学签署共建协议

举办法律公益讲座，为会员企业发展保驾护航

福州市建委于2020年7月授予协会支部"先进基层党组织"称号

经福州市民政局评估，取得5A等级社会组织

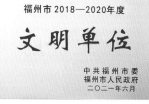
被中共福州市委和福州市人民政府授予市级"文明单位"称号

党支部组织参观福建省革命历史纪念馆

举办羽毛球友谊赛，丰富会员节日文化生活，增强团队凝聚力

宁波市建设监理与招投标咨询行业协会

协会举办劳动法律风险防范培训班

协会召开工程建设领域数字化技术发展报告会

协会举办宁波市监理人员职业技能竞赛

协会承办浙江省监理人员职业技能竞赛

协会召开行业自律工作会议

协会举办新版行业自律检查评定表启用暨安全生产监理培训会

协会举办全过程工程咨询培训班

协会举办纪念宁波市工程监理行业发展30周年座谈会

协会组织会员单位赴余姚梁弄镇横坎头村开展党建活动

协会组织会员单位赴嘉兴南湖开展党建活动

协会组织宁波监理企业参加全省监理行业迎国庆70周年趣味运动会

协会组织监理人员开展安全和消防技能提升培训

宁波市建设监理与招投标咨询行业协会（原宁波市建设监理协会）成立于2003年12月6日。协会现有会员单位181家，主要由工程监理企业和招标代理机构组成。

协会的宗旨是：遵守宪法、法律、法规和国家政策，践行社会主义核心价值观，遵守社会道德风尚，贯彻执行政府的有关方针政策。维护会员的合法权益，及时向政府有关部门反映会员的要求和意见，热情为会员服务。引导会员遵循"守法、诚信、公正、科学"的职业准则，为发展我国社会主义现代化建设事业、建设监理与招投标咨询事业和提高宁波市工程建设水平而努力工作。

自成立以来，宁波市建设监理与招投标咨询行业协会充分发挥桥梁和纽带作用，积极开展行业调研，反映行业诉求，参与或承担课题研究、政策文件起草和标准制定，大力推进行业转型升级创新发展，强化行业自律，为解决行业发展问题、改善行业发展环境、促进行业高质量发挥了积极作用，所做的工作和取得的经验得到了同行和管理部门的肯定。先后被宁波市委、市政府，宁波市民政局和宁波市服务业综合发展办评为"宁波市先进社会组织"、5A级社会组织和商务中介服务行业突出贡献行业协会。

今后，宁波市建设监理与招投标咨询行业协会将坚持党的领导，加强党建工作，积极拓宽服务领域，不断提高服务水平，在服务中树立信誉、在服务中体现价值、在服务中求得发展，脚踏实地做好各项工作，努力把协会建设成为会员满意、政府满意、社会满意的社会组织，将协会的各项工作推上新的高度，为宁波市建设监理与招投标咨询行业健康发展发挥更大的作用。

协会联合8家会员企业共同出资参加了市民政局组织的宁波市社会组织助力对口帮扶地区脱贫攻坚现场认捐签约活动

协会联合举办"喜迎二十大 建功新时代"宁波市监理行业建设施工领域除险保安"百日攻坚"现场推进会

（本页信息由宁波市建设监理与招投标咨询行业协会提供）

浙江求是工程咨询监理有限公司

浙江求是工程咨询监理有限公司坐落于美丽的西子湖畔，是一家专业从事工程咨询服务的大型企业，致力于为社会提供全过程工程咨询、工程项目管理、工程监理、工程招标代理、工程造价咨询、工程咨询、政府采购等技术咨询服务。系全国咨询监理行业百强、国家高新技术企业、杭州市文明单位、西湖区重点骨干企业。是第一批全过程工程试点企业，浙江省第一批全过程工程试点项目。公司具有工程监理综合资质、人防工程监理甲级资质、水利监理乙级资质、工程招标代理甲级资质、工程造价咨询甲级资质、工程咨询甲级资信。

公司一直重视人才梯队化培养，依托求是管理学院构筑和完善培训管理体系。开展企业员工培训、人才技能提升、中层管理后备人才培养等多层次培训机制，积极拓展校企合作，强化外部培训的交流与合作，提升企业核心竞争力。公司拥有强大的全过程工程咨询服务技术团队、先进的技术装备、丰富的项目管理实践经验和行之有效的管理体系：有各类专业技术人员1400余人，其中中高级职称900余人，注册监理工程师320余人，以及一级建筑师、一级结构师、注册公用设备工程师、注册电气工程师、注册造价师、注册咨询师、注册人防监理工程师、注册安全工程师、一级建造师、BIM工程师、信息系统监理工程师等一大批专业型、复合型人才。

公司现已成为中国建设监理协会理事、中国工程咨询协会会员、中国建设工程造价管理协会理事、中国施工企业管理协会会员、浙江省全过程工程咨询与监理管理协会副会长、浙江省招标投标协会副会长、浙江省工程咨询行业协会常务理事、浙江省风景园林学会常务理事、浙江省绿色建筑与建筑节能行业协会理事、浙江省建筑业行业协会会员、浙江省市政行业协会会员、杭州市全过程咨询与监理管理协会副会长、杭州市建设工程造价管理协会副会长、杭州市西湖区建设行业协会常务理事、衢州市招标投标协会副会长、衢州市信用协会副会长单位，公司领导兼任浙江省信用协会执行会长、浙江省建设工程造价管理协会副秘书长、杭州市龙游商会执行会长。

公司始终坚持"求是服务，铸就品牌；求是管理，共创价值；求是理念，诚赢未来；求是咨询，社会放心"的理念，公司通过"求是智慧管理平台"，推行项目管理工作标准化、规范化、流程化、数字化的科学管理模式，充分发挥信息化、专业技术等资源优势，努力打造全过程工程咨询行业标杆企业，为工程建设高质量发展做贡献，为社会创造更多的价值。

公司已承接项目分布于全国各地，涉及各专业领域，涵盖建筑、市政公用、机电、水利、交通等所有建设工程专业。尤其在大型场（展）馆、剧院、城市综合体、医院、学校、高层住宅、有轨交通、桥梁、隧道、综合管廊等全过程工程咨询项目服务中取得诸多成果。已获得"鲁班奖"等国家级奖项40余个、省级（市级）工程奖项1200余个。得到行业主管部门、各级质（安）监部门、业主及各参建方的广泛好评，已成为全过程咨询行业的主力军。

地　址：杭州市西湖区绿城西溪世纪中心3号楼12A楼
电　话：0571-81110602（市场部）

（本页信息由浙江求是工程咨询监理有限公司提供）

江苏盐城黄海湿地博物馆EPC承包项目（荣获中国钢结构金奖、江苏省"扬子杯"）

福州市晋江市第二体育中心运动员生活区（荣获国家优质工程奖）

普陀城西夏新PT-14-03-06地块安置房建设项目全过程工程咨询服务

笕桥单元JG0607-R21-01地块拆迁安置房项目监理

杭州湾信息港七期（西区）EPC工程总承包项目（荣获中国钢结构金奖）

杭州国际科创中心二期全过程工程咨询服务

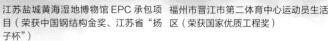

衢州市文化艺术中心和便民服务中心项目全过程工程咨询服务（荣获中国钢结构金奖）

安徽省安庆市怀宁县产教园和石如大道一期建设EPC项目施工监理

衢州市高铁新城地下综合管廊建设工程全过程工程咨询服务（荣获浙江省"钱江杯"）

安徽省庐江县合庐产业新城"建设+管理"项目（一期）监理

中国共产党历史展览馆（国家优质工程金奖、"鲁班奖"、中国钢结构金奖）

国家版本馆中央总馆（"鲁班奖"、中国钢结构金奖）

国家速滑馆——2022年北京冬奥标志性建筑（"鲁班奖"、中国钢结构金奖年度杰出大奖）

北京城市副中心站——亚洲最大交通枢纽

安贞医院通州院区——北京市最大在建医院项目

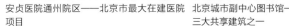

北京城市副中心图书馆——副中心三大共享建筑之一

天津周大福金融中心（530m）

武汉周大福金融中心（478m）

鄂州顺丰机场转运中心（72万 m²）

PUHCA 帕克国际
北京帕克国际工程咨询股份有限公司

北京帕克国际工程咨询股份有限公司成立于1993年9月，于2016年成功在新三板挂牌上市。公司是中国建设监理协会及中国工程咨询协会的会员单位，全国首批获得监理综合资质企业。

帕克国际公司不管是在超高层项目、城市综合体项目、体育场馆项目、五星及超五星级酒店项目，还是在大型市政、园林、水务等项目上，在全国都具有绝对的竞争优势，曾获得国家级奖项100余项。

不仅如此，帕克国际公司还多次参加北京市乃至全国地方规程、行业标准、国家规范的编写工作，为北京市乃至全国的行业进步做出了贡献。

公司依托人才、技术优势，以"国际化、专业化"的理念为指导，采用先进管理模式，强化管理创新，建设了规范化、制度化的管理服务平台。公司坚持"人才成就帕克，帕克造就人才"的用人理念，充分发挥高端人才集聚优势，搭建资本与智本对接平台，打造了精良、高水准技术服务团队。公司以诚信正直为本，感恩之心长存；追求专业高效树标杆，常学常新常自省，主动协作促共赢。

企业使命：助造经典。

企业愿景：徜徉城市之间，遇见帕克之美。

企业精神：同心向上、科学创新、诚信服务、追求卓越。

核心价值观：砺己，利人。

公司优秀业绩：

奥运场馆十多项 如水立方、国家速滑馆、自行车馆、五棵松冰上运动中心等。

北京城市副中心十多项 如副中心交通枢纽、副中心图书馆、城市副中心机关办公区工程 B1/B2 工程、城市副中心行政办公区 C1 工程、城市副中心 C08 项目、警卫联勤楼工程等。

机场十多项 包括北京新机场民航工程、北京新机场货运区工程、北京新机场供油工程、北京新机场南航基地工程、鄂州顺丰机场转运中心（72万 m²）等。

超高层、综合体项目五十余项 如北京银泰、CBD 三星总部大厦、天津周大福金融中心、武汉周大福金融中心、沈阳市府恒隆广场等众多省市级地标性超高层建筑。

大型三甲综合医院十多项 如北京安贞医院通州院区、北京积水潭医院回龙观院区、武汉泰康同济医院（全国抗疫先进单位）、北京大学人民医院等。

（本页信息由北京帕克国际工程咨询股份有限公司提供）

京兴国际工程管理有限公司

京兴国际工程管理有限公司是由中国中元国际工程有限公司（原机械工业部设计研究总院）全资组建，是具有独立法人资格的经济实体。公司具有工程监理综合资质、建筑机电安装工程专业承包三级资质以及对外承包工程资格，取得北京市工程造价咨询企业5A级信用评价，是集工程监理、项目管理、造价咨询、全过程工程咨询为一体的国有大型工程管理公司。

公司的主要业务涉及公共与住宅建筑工程、医疗建筑与生物工程、机场与物流工程、驻外使馆与援外工程、工业与能源工程、市政公用工程、通信工程和农林工程等。先后承接并完成了国家天文台500m口径球面射电望远镜、中国驻美国大使馆新馆、中国驻法国使馆新购馆舍改造、首都博物馆新馆、国家动物疫病防控高级别生物安全实验室等一批国家重大（重点）建设工程以及北京、上海、广州、昆明、南京、西安、银川等地大型国际机场的工程监理和项目管理任务。有近150项工程分别获得"中国建设工程鲁班奖""国家优质工程奖"等各类奖项。公司2017年被住房城乡建设部选定为"全过程工程咨询试点企业"以来，根据业务转型需求，优化人员结构，加大引进高层次技术及管理人才，大力开拓全过程工程咨询业务。近年来成功承接了外交部多个驻外使领馆新建、改扩建项目以及医院、健康医养产业园、学校等多种类型项目的全过程工程咨询业务。

公司拥有一支懂技术、善管理、实践经验丰富的高素质团队，各专业配套齐全。

公司坚持"科学管理、健康环保、防控风险、持续改进"的管理方针，内部管理科学规范，是行业内较早取得质量管理、环境管理和职业健康安全管理"三体系"认证的监理企业，并持续保持认证资格。

公司建立了以法人治理结构为核心的现代企业管理制度，各项内部管理制度健全完善。公司注重企业文化建设，以人为本，构建和谐型、敬业型、学习型团队，打造"京兴国际"品牌。多次被建设监理行业协会评为先进企业。

在当前国内外大环境的背景下，面对建筑行业的新常态，公司将积极主动应对市场环境变化，推行多元化经营策略，确保企业健康平稳的发展态势。公司将继续夯实工程监理这一核心业务，不断巩固和提升工程监理及项目管理的专业水平，确保在该领域保持行业领先地位，同时，深入挖掘市场需求，积极拓展全过程工程咨询业务。

公司始终秉承"诚信、创新、务实、共赢"的企业精神，以科技为引领，持续创新发展，一如既往地用诚信和专业为客户提供优质的工程监理、项目管理、造价咨询、全过程工程咨询服务。

援塔吉克斯坦政府办公大楼（项目管理）

武汉中医药传承创新中心建设项目（全过程工程咨询）

北京昌平未来科学城南部核心区绿地E区防护工程永久止水工程及防洪排涝工程（工程监理）

中国驻以色列使馆新购馆舍改造工程（工程监理）

安徽交通职业技术学院新桥校区（监理与项目管理）

援白俄罗斯国家足球体育场（项目管理）

乌兹别克斯坦奥林匹克城项目（项目管理）

湖北省疾病预防控制中心综合能力提升（一期）项目（全过程工程咨询）

廊坊市第四人民医院新建项目（全过程工程咨询）

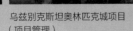

（本页信息由京兴国际工程管理有限公司提供）

BECC

北京北咨工程管理有限公司

北京北咨工程管理有限公司的前身为北京市工程咨询有限公司建设监理部。2008 年北京市工程咨询有限公司为推动监理业务蓬勃发展，成立了全资子公司——北京北咨工程管理有限公司。

公司具有房屋建筑工程甲级、市政公用工程监理甲级、机电安装工程监理乙级、电力工程监理乙级、通信工程监理乙级、文物保护工程监理甲级、人民防空工程监理甲级等多项资质证书，取得了的质量管理体系、环境管理体系、职业健康安全管理体系认证证书，是北京建设监理协会常务理事单位、中国建设监理协会会员单位，曾获得"北京市建设监理行业奥运工程监理贡献奖""北京市建设监理行业抗震救灾先进单位"荣誉称号，多次被评为北京市建设行业诚信监理企业、北京人防工程监理诚信企业。

公司的业务经过不断拓展、改进和提高，构建了独具特色的咨询理论方法及服务体系，建立了一支能够承担各类房屋建筑、市政基础设施、轨道交通、水务环境、园林绿化、文物古建等工程的高素质监理队伍，目前从事监理业务人员 200 余人，积累了一批经验丰富的专家。所监理的工程获得了"国家优质工程奖""中国建设工程鲁班奖""中国土木工程詹天佑奖""全国优秀古遗迹保护项目"、北京市建筑"长城杯"工程金质奖、北京市市政基础设施结构"长城杯"工程金质奖等多项荣誉。

新的历史时期，北咨监理公司始终坚持诚信化经营、精细化管理，秉承"打造行业精品，创造客户价值"的质量方针，努力成为客户满意、政府信赖、社会认可的具有显著领先优势的监理公司，与社会各界一道携手，为促进建设监理事业高质量发展做出北咨人艰苦扎实的不懈努力与贡献。

北京市故宫宝蕴楼修缮工程

北京市郑王坟再生水厂工程（第二标段）

北京市梅市口路（玉泉路—长兴路）道路 BT 工程（监理）　北京社会管理职业学院回迁项目一期工程

北京市北四村回迁安置房 A 组团工程　　北京市天通中苑新建及改造项目

北京市大栅栏煤市街以东 C1C2 商业金融用地项目　西藏拉萨市群众文化体育中心

北京轨道交通 4 号、6 号、8 号、14 号、17 号、13 号线等工程　　北京市颐和园排云殿—佛香阁—长廊等景区修缮工程

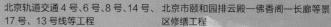

地　址：北京市朝阳区高碑店乡八里庄村陈家林 9 号院华腾世纪总部公园项目 9 号楼 4 层

电　话：010-67086339

（本页信息由北京北咨工程管理有限公司提供）

重庆林鸥工程咨询有限公司

重庆大学主教学楼（2008 年度中国建设工程鲁班奖、第七届中国土木工程詹天佑奖）　大足石刻宝顶山景区提档升级工程（总建筑面积约 5.6 万 m²）

　　重庆林鸥工程咨询有限公司（原重庆林鸥监理咨询有限公司）成立于 1996 年，是隶属于重庆大学的咨询企业。主要从事项目投融资咨询、勘察设计咨询、招标代理、工程造价咨询、建设监理和项目管理业务，具有房屋建筑工程监理甲级资质、市政公用工程监理甲级资质、机电安装工程监理甲级资质、化工石油工程监理乙级资质、水利水电工程监理乙级资质、通信工程监理乙级资质、电力工程乙级资质，以及水利工程施工监理乙级资质。公司目前正向全过程综合咨询服务企业转型。

重庆开埠文化遗址公园（总建筑面积 4.5 万 m²，含古建筑修复）　两江四岸工程

　　公司结构健全，管理规范，整体运行良好。公司业务所需设施检测设备齐全，技术力量雄厚，拥有一支理论基础扎实、实践经验丰富、综合素质高的专业项目管理队伍，包括注册监理工程师、注册造价工程师、注册结构工程师、注册咨询师、注册安全工程师、注册设备工程师及一级建造师等具有国家级执业资格的专业技术人员 180 余人，高级专业技术职称人员 90 余人，中级职称 350 余人。

南阳市医圣祠文化园项目（河南省"十四五"重大项目）　四川烟草工业有限责任公司西昌烟厂整体技改项目（2012—2013 年度中国建设工程鲁班奖）

　　公司通过了中国质量认证中心 ISO 9001 质量管理体系认证、ISO 45001 职业健康安全管理体系认证和 ISO 14001 环境管理体系认证，是重庆市咨询行业"三位一体"贯标公司之一。

　　公司参建项目荣获"中国土木工程詹天佑奖""中国建设工程鲁班奖""全国建筑工程装饰奖""中国房地产广厦奖""中国安装工程优质奖（中国安装之星）"等国家级奖项及"重庆市巴渝杯优质工程奖""重庆市市政金杯奖""重庆市三峡杯优质结构工程奖""四川省建设工程天府杯"金奖与银奖，贵州省"黄果树杯"优质施工工程等省市级奖项。公司连续多年被评为"重庆市先进工程监理企业""重庆市质量效益型企业""重庆市守合同重信用单位"。

磁器口后街监理工程（2022—2023 年度国家优质工程奖）

　　公司依托重庆大学的人才、科研、技术等强大的资源优势，成为重庆市建设咨询行业中人才资源丰富、专业领域广泛、综合实力较强的咨询企业之一，是重庆市建设监理协会常务理事、副会长单位和中国建设监理协会会员单位。

　　质量是林鸥公司的立足之本，信誉是林鸥公司的生存之道。在项目管理工作中，公司力求精益求精，实现经济效益和社会效益的双丰收。

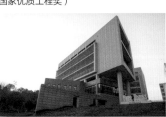

重庆大学虎溪校区理科大楼（2014—2015 年度中国建设工程鲁班奖）　重宾保利国际广场（2015—2016 年度中国安装工程优质奖）

地　址：重庆市沙坪坝区重庆大学 B 区
电　话：023-65126150

（本页信息由重庆林鸥工程咨询有限公司提供）

重庆洪崖洞民俗风貌区（重庆市政府"八大民心工程"之一）

京沪高铁

鹦鹉洲长江大桥

深圳地铁 3 号线（第十一届"詹天佑奖"）

崇太长江隧道

江苏海太过江隧道

沪通长江大桥

铁四院光谷办公楼

麻竹公路

福平铁路公铁两用桥

铁四院（湖北）工程监理咨询有限公司

铁四院（湖北）工程监理咨询有限公司成立于 1990 年，注册资本 2000 万元，是中铁第四勘察设计院集团有限公司下属的全资控股子公司，总部设在湖北省武汉市，是国家高新技术企业。

公司持有住房和城乡建设部工程监理综合资质、交通部公路工程甲级资质、特殊独立隧道专项及特殊独立大桥专项资质、交通部试验检测资质，综合实力在全国 8300 余家监理企业中名列前茅。

公司业务范围涵盖铁路、公路、城市轨道交通、水底隧道、独立大桥、房屋建筑、市政、机电等所有专业类别建设工程项目的施工监理、工程质量检测、工程材料检测业务，同时还可开展相应类别建设工程的项目管理、技术咨询等业务。

公司现有员工 1500 余人，员工中持有住房和城乡建设部注册监理工程师证 500 余人、注册咨询工程师证 40 余人、注册安全工程师证 100 余人、注册造价工程师证 50 余人、注册一级建造师证 50 余人、注册设备监理工程师证 50 余人，交通部注册证 500 余人。

公司监理的多个工程项目技术领先，位居全国乃至世界前列：世界级超大型综合集群工程——港珠澳大桥、世界级大跨度公铁两用斜拉桥——沪苏通铁路长江大桥、世界级大跨度铁路拱桥——大瑞铁路怒江特大桥、世界首座主缆连续的三塔四跨悬索桥——武汉鹦鹉洲长江大桥、国内首座公铁两用跨海大桥——福平铁路跨海大桥、亚洲最大地下火车站——广深港高铁深圳福田站、亚洲最大地铁停车场——成都地铁 7 号线崔家店停车场、我国大陆地区首座海底隧道——厦门翔安海底隧道、长江上盾构直径最大的隧道——江阴靖江长江隧道、世界级规模的城市湖底双层超大直径隧道——武汉两湖隧道。

公司累计获得"鲁班奖""詹天佑奖"、国家优质工程奖、全国市政示范工程奖、"火车头"优质工程奖等 30 余项次，被授予"中国建设监理创新发展 20 年工程监理先进企业""共创鲁班奖优秀工程监理企业"、湖北省"先进监理企业"、湖北省"五一劳动奖状"、湖北省"第十六届守合同重信用企业"、重庆市"五一劳动奖状"等多个荣誉称号。

前行不忘来时路，初心不改梦归处。作为国内最早开展监理业务的企业之一，铁四院监理公司始终秉承"信守合同、严格监理、科学管理、持续改进、客户满意"的服务宗旨，发扬"专业、敬业、创新、创誉"的新时代四院精神，服务于交通强国建设。

公司真诚期待各位同仁、合作伙伴一如既往地关注、关心、支持铁四院监理公司的发展，并愿与您继续精诚合作，携手共进，共创美好未来。

青岛东方监理有限公司

青岛东方监理有限公司创立于1988年，是国家首批甲级资质监理单位（房屋建筑工程甲级、市政公用工程甲级、农林工程甲级、机电安装工程甲级，化工石油工程乙级，电力工程乙级，通信工程乙级），可从事全生命周期的项目咨询、监理及造价管理的相关业务。

青岛东方监理有限公司成立三十五年来，始终坚持以"受尊重的一流咨询公司"为企业愿景，以"厚德立业、成就客户、以人为本、诚待社会"为核心价值观。

截至目前公司共承揽监理业务3000余项，监理工程造价2500亿元。公司业务已拓展到宁波、天津、济南、临沂、东营、烟台、潍坊、淄博、滨州等地区。公司技术力量雄厚，专业门类齐全，具备承揽大型公共及住宅工程（其中包括超高层、高层、多层及别墅项目）、轨道交通工程、工业及公用设施工程、道路桥梁及风景园林工程、农业林业工程、机电安装工程、化工石油工程、电力工程、通信工程、人防工程等业态工程的能力。

东方监理对企业品牌建设始终常抓不懈，严格的企业管理与良好的服务意识得到了各级领导、业主的广泛好评，在近几年青岛市监理企业建筑市场主体管理考核中名列前茅。公司所监理的建设工程荣获"鲁班奖"10项，"中国市政金杯奖"5项，"国家优质工程奖"9项，"全国建筑工程装饰奖"10项，以及多项各省市地方奖项，曾连续五次获得"全国先进监理单位"荣誉称号；2023年荣获中国建设监理协会3A级信用企业、2023年荣获青岛市政府颁发"文明单位"称号、2021年荣获山东省建设监理与咨询协会5A级会员监理企业荣誉证书、2020年度被山东省市场监督管理局授予"山东省服务业高端品牌培育企业"荣誉称号、2019年度被授予"山东省知名品牌"荣誉企业称号、2018年在"上海合作组织青岛峰会新闻中心"工程中表现优异被授予感谢状，在历年的山东省、青岛市建筑行业表彰中，公司每每榜上有名。公司同时还是山东省、青岛市"守合同，重信用"企业、青岛市3A级信誉企业，并且是山东省监理行业内第一家注册自己商标的企业。

近年来，由东方监理公司自主研发的监理项目管理软件"云迹行"正式发布上线。"云迹行"信息系统运营后，项目监理工作将改变传统监理手段，实现监理过程管控标准化、痕迹化、可追溯，保证监理工作的客观性、真实性和科学性。

荣誉见证实力，实力铸就辉煌。企业在三十五年的发展中，始终在加强品牌建设、专注服务品质、引领行业发展等各方面不断努力，今后将继续秉承企业"厚德立业"的发展理念，以匠心构筑服务品质，加强对企业品牌的建设，不断增强企业核心竞争优势，提高服务质量，为监理行业的健康发展贡献力量！

（本页信息由青岛东方监理有限公司提供）

庆祝东方监理成立35周年——党团工会联合组织青年节活动　　青岛北站交通活力区东广场地下空间

青岛培文中学教学楼及配套设施建设项目　　青岛地铁4号线工程

青岛地铁6号线工程　　青岛地铁7号线工程

浮山主山体环山防火通道（绿道）　　卡奥斯新城配套基础设施（水利工程）

山东港口航运金融中心　　临沂市人民医院新区医疗区

青铁华润城

九江市建设监理有限公司

　　九江市建设监理有限公司创建于1993年，2005年与九江市建院监理公司合并重组，2008年进行现代企业改制，于2009年1月组建成立"九江市建设监理有限公司"，成为一家国有参股的综合型混合制现代企业。近三十年的发展历程，我们砥砺前行，积累了丰富的项目建设管理经验，构建了一整套项目建设管理制度体系，培养了一大批项目建设管理和技术类人才，为向业主提供各类项目建设咨询、管理等服务奠定了坚实的基础！

　　改制以来，企业进入了一个良性高速发展阶段。企业的资质范围拓展为拥有房屋建筑工程监理甲级资质、市政公用工程监理甲级资质、人民防空工程监理甲级资质、工程招标代理甲级资质、工程造价咨询甲级资质、机电安装工程监理乙级资质、测绘乙级资质、水利水电工程监理丙级资质、公路工程监理丙级资质、市政公用工程施工总承包叁级资质、建筑装修装饰工程专业承包贰级。

　　监理项目从商品住宅、购物中心、学校、医院到行政办公楼、展览馆、体育馆；从老旧改造到保障性住房；从市政道路桥梁、管网到城市垃圾处理厂、污水处理厂；从园林景观到长江大保护，生态环保工程……同时，经营区域逐步向外拓展，业务遍布闽、湘、鄂、皖、桂等省份，在省内南昌、赣州等主要地市共设有19家分公司，在全省同类企业中成为佼佼者。

　　"向管理要效益，以制度促发展。"近年来，在董事会的带领下，企业始终将制度建设与科学管理摆在首位。注重学习型企业的打造，把培养员工、成就员工当成企业的重要使命。现公司有各类专业技术人员近600人，其中高级工程师27人，工程师239人，国家级监理工程师、建造师、造价师、咨询工程师、安全工程师、经济师等各类注册人员超过300人次，涵盖专业包括房建、市政、机电、通信、水利专业等。企业于2019年评为国家高新企业，至今已获得软件著作权、实用新型专利、发明专利超过49项。

企业文化理念：

感恩继承，创新求变，奋发有为，和谐发展。

企业愿景：

让每个员工变得更优秀、更快乐、更自信！让快乐优秀的员工为客户提供更优质满意专业的服务。

企业目标：

做项目建设的管理专家，做工程建设的安全卫士。

企业宗旨：

　　致力于项目投资、建设规律和流程研究，向业主提供专业的全生命周期咨询及项目风险管控服务，打造一支高素质项目管理和咨询团队，成为全国一流的项目建设管理和咨询的品牌提供商！

地　　址：九江市浔阳区长虹大道32号建设大厦3号、8号、9号、10号楼

电　　话：0792-8983216

企业邮箱：jsjl_2007@163.com

（本页信息由九江市建设监理有限公司提供）

江西省上饶市中骏云景台一期

江西省萍乡市田中人工湖

九江市濂溪区人民医院整体搬迁工程

九江市中医医院感染性疾病综合救治基地

江西省南昌市绿地朝阳中心

九江学院附属医院脑血管病区域医疗中心

九江市浔阳区长江文化公园

九江市干部廉政教育管理中心

九江市中医医院中医药传承创新工程建设项目

北京市温榆河公园顺义园林二期工程

北京市顺义区人民法院李遂人民法庭建设工程（审判业务楼等 4 项）

北京市顺义区人民法院牛栏山法庭建设工程（审批业务楼等 2 项）监理工程

燕泽州新风区域老旧商业设施改造工程

腾讯、亿讯数字经济产业园厂房建设项目（一期）工程

顺义区后沙峪镇 2021 年生态清洁小流域建设工程

顺义区后沙峪第二小学新建工程（1 号教学楼等 8 项）工程

顺义区大孙各庄镇二十里长山生态景观带建设工程

顺义区张庄中学新建工程（1 号教学楼等 3 项）

顺义区张镇中学改扩建工程（教学楼）

北京顺政通工程监理有限公司

北京顺政通工程监理有限公司成立于 2002 年，隶属于北京顺义建设投资服务有限公司。具有中华人民共和国住房和城乡建设部市政公用工程和房屋建筑工程监理甲级资质，北京市住房和城乡建设委员会电力工程、机电安装工程监理乙级资质，水利部水利工程施工监理乙级资质，信息系统工程监理服务标准贯标丙级单位证书；公司是安全生产标准化企业，并已通过"质量 / 环境 / 职业健康安全"国际管理体系认证。

自成立之初，公司就实现了领导班子知识化、年轻化，树立起了以市场为主导的经营理念，始终坚持在竞争中求发展，不断改进服务质量，塑造企业新形象。在日益激烈的竞争中，公司一直遵从"守法、诚信、公正、科学"的行为准则，努力使自身工作日臻完善，在建设工程监理领域做出更大贡献。

企业理念：诚信卓越，精品永恒，监理一处工程，树立一座丰碑。

人 才 观：以感情尊重人，以待遇激励人，以事业发展人。

管 理 观：优化资源配置，营造人文环境。

服 务 观：关注业主，真诚服务。

团队精神：共度风雨，齐沐阳光。

质量目标：全面履行合同，为业主提供满意服务。

北京顺政通工程监理有限公司主要从事房建、市政、机电、水利、园林绿化及公路工程等专业领域的工程监理，拥有专业配套齐全的监理人才队伍，二十余年来承揽各类工程 5000 余项，工程造价 5200 余亿元，先后荣获北京市结构"长城杯"工程金质奖、银质奖证书及多个区级优质工程奖。被北京市建设监理协会评定为诚信监理企业，被中国水利工程协会评定为 A 级信用监理企业，被北京市园林绿化行业协会评定为 2A 级诚信监理企业。

顺政通始终秉承"严格监理，公平公正，友好合作，真诚守信"的原则，以高素质的技术人才、先进的管理手段、优良的企业信誉为工程建设提供优质的技术服务，赢得了较高的知名度和美誉度，多次受到了业主的好评，在行业内树立了良好的声誉。先后承揽了中央批发市场剩余用地公租房项目、顺义区新农村建设工程－农村地区取暖煤改电工程、顺义区农村污水治理工程、顺义区平原重点区域造林绿化工程、北京市温榆河公园顺义园林一期、二期工程、顺义区张庄中学新建工程（1 号教学楼等 3 项）、昌平区未来科学城西区污水干线工程、昌平区京藏高速公路东辅路（七辛中街－南沙河）雨水干线工程、昌平区温榆河规划提升工程及河北省邯郸市肥乡区集中供热等工程。同时，公司积极响应国家号召，强力推进民生保障工程建设，着力做好市、区两级工程监理保障服务。

（本页信息由北京顺政通工程监理有限公司提供）

广西大通建设监理咨询管理有限公司

广西大通建设监理咨询管理有限公司成立于1993年2月16日，是中国建设监理协会常务理事单位、广西工程咨询协会常务理事单位、广西建筑业联合会（招投标分会）常务理事单位、南宁市建设监理协会副会长单位，也是广西具有开展全过程工程咨询资格的试点企业之一。本公司拥有房建监理甲级、市政监理甲级、机电安装监理甲级资质，以及人防监理乙级资质、工程咨询单位乙级资信。公司不仅具有监理各种类型的房建和市政工程的实力，还具有工程招标代理、造价咨询能力和监理专业工程诸如水利水电、公路、农林、通信、电力等方面的资历，并获得了质量管理体系、职业健康安全管理体系和环境管理体系认证证书。

本公司职能管理部门有：经营部、招标代理部、工程咨询部、造价咨询部、BIM技术部、监理业务处、质安环管理部、人事处、综合部、财务处；二层管理机构有：桂林、柳州、河池、贵港、百色、贺州、钦州、防城港、玉林福绵、崇左、平果、崇左江州、武鸣、兴宾、邕宁、灵山、东盟、平南、三江、广东清远等分公司。公司主要从事房建、市政道路、机电安装、人防、水利水电、公路、农林等各类建设工程在项目立项、节能评估、编制项目建议书和可行性研究报告、工程项目代建、工程招标代理、工程设计、施工、造价预结算等各个建设阶段的技术咨询、评估、工程监理、项目管理和全过程工程咨询服务。

公司现有员工650余名，在众多高级、中级、初级专业技术人员中，注册咨询工程师、监理工程师、结构工程师、造价工程师、设备工程师、安全工程师、人防工程师、一级建造师和香港测量师共占308名。各专业配套的技术力量雄厚，办公检测设备齐全、业绩彪炳、声威远播，累计完成有关政府部门和企事业单位委托的项目建议书、可行性研究报告、工程评估、项目管理、项目代建、招标代理、方案优选、设计监理、施工监理、造价咨询等技术咨询服务2810余项。足迹遍及广西各地市县，积累了丰富的经验，获得了业主的良好评价。经过员工们的努力，积淀了本公司鲜明特色的企业文化，成功打造了"广西大通"品牌，多次被住房城乡建设部和中国建设监理协会评为"先进工程监理企业"，年年被评为广西壮族自治区、南宁市"先进监理企业"，多年获得广西和南宁工商行政管理局授予的"重合同守信用企业"，累计获得国家"鲁班奖"4项，获得"国家优质工程""广西优质工程"、各地市级优质工程等奖励290余项，为国家和广西各地经济发展做出了贡献。

广西大通建设监理咨询管理有限公司愿真诚承接业主新建、改建、扩建、技术改造项目工程的建设监理和工程咨询及项目管理业务等全过程工程咨询项目，以"诚信服务让业主满意"为奋斗目标，用一流的技能、一流的水平，为业主提供一流的技术服务，全力监控项目的质量、进度、投资、安全，做好合同管理、信息资料收集与组织协调工作，帮助业主的建设项目尽快获得投资效益和社会效益！

鸟瞰图

邕江大学新校区

广西人民广播电台技术业务综合楼（国家优质工程奖）

百色干部学院二校区（国家优质工程奖）

三江县人民医院

广西壮族自治区图书馆

防城港园博园

东兴市方舱医院（全过程工程咨询服务）

（本页信息由广西大通建设监理咨询管理有限公司提供）

南宁市物流园污水处理厂

广西金投中心

柳州市西鹅路

百色工业园区产业转移新材料先进制造园（全过程工程咨询服务）

船舶监理分会 2018 年会员大会

船舶监理分会 2019 年会员大会

船舶监理分会 2020 年会员大会

中国建设监理协会船舶监理分会

一、船舶监理分会的历史沿革

中国建设监理协会船舶监理分会成立于 2005 年 3 月，自成立以来始终致力于推动船舶行业工程监理事业的规范发展，保障船舶工程建设项目的质量安全。本世纪初，随着国家经济的飞速发展，船舶工业也迎来了前所未有的发展机遇。然而，船舶工程建设项目的复杂性和专业性对监理工作提出了更高的要求。为了满足这一需求，中国建设监理协会船舶监理分会应运而生，协会汇聚了众多船舶工程监理领域的专家和学者，共同为船舶工程监理事业贡献智慧和力量。

在过去的二十年里，船舶分会始终恪守着"公平、独立、诚信、科学"的职业准则，积极参与船舶工程建设项目的监理工作，不断提升监理水平和服务质量。同时，分会还积极开展国际交流与合作，学习借鉴国际先进经验和技术，推动船舶工程监理行业的国际化发展。经过多年的努力，船舶监理分会已经成为国内船舶工程监理领域的重要组织力量，赢得了广泛的认可和赞誉。

二、船舶监理分会成立后的一些主要工作

1. 加强党建引领

在中国建设监理协会的指导下，船舶监理分会将党建融入日常工作，加强党建队伍建设，提升党组织在协会中的领导作用；积极开展党员学习教育，加强党员队伍建设；推动党风廉政建设，营造清廉和谐的协会氛围。

2. 加强深入交流

组织船舶监理分会的各会员单位开展特色项目观摩活动，相互学习、分享经验，促进行业发展；鼓励会员单位积极申报各类工程奖项，树立标杆，推动行业提质增效。

3. 提升资质、完善标准、协助大协会工作

协助提醒会员单位及时更新资质证书，提供资质咨询服务；积极参与行业标准的修订工作，推动完善船舶及相关领域相关标准，提升行业规范标准化。

4. 抓好人才建设，加大力度宣传

组织开展行业及细分领域专业培训，提升会员单位职工技能水平；加大宣传力度，利用多种媒体平台宣传协会工作成果，提升中国建设监理协会及下属船舶监理分会的知名度和影响力。

5. 拓展会员服务，引导更多企业加入协会，推进高质量发展

搭建会员服务平台，满足会员单位需求；不定期开展调研活动，了解会员单位诉求，推动产业高质量发展；协助会员单位解决经营难题，提供政策咨询和服务支持。

三、船舶监理分会主要骨干单位

中国建设监理协会船舶监理分会拥有众多优秀的成员单位，这些成员单位在船舶工程建设监理领域具有丰富的经验和实力。其中，不乏一些在行业内享有盛誉的知名企业，如中船海鑫工程管理(北京)有限公司、上海振华工程咨询有限公司、上海振南工程咨询监理有限责任公司等。这些成员单位在船舶行业工程建设领域发挥着重要的作用，为保障船舶工程建设项目的质量安全等做出了突出贡献。

同时，这些成员单位还积极参与分会的各项工作和活动，共同推动船舶工程建设监理行业的规范发展。他们不仅在业务上相互支持、相互学习，还在技术创新、人才培养等方面开展深入合作，共同推动船舶工程监理行业的创新发展。

总之，中国建设监理协会船舶监理分会在过去的二十年里取得了显著的成绩和进步。展望未来，分会将继续秉承"服务成员、服务行业、服务社会"的宗旨，不断提升服务能力和水平，为船舶工程监理事业的繁荣发展贡献智慧和力量。

（本页信息由中国建设监理协会船舶监理分会提供）

船舶监理分会 2021 年会员大会

船舶监理分会 2022 年会员大会

船舶监理分会部分党员三会一课

船舶监理分会项目调研

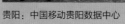

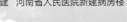

江苏建科工程咨询有限公司

江苏建科工程咨询有限公司（原江苏建科建设监理有限公司）是位居江苏省工程咨询服务行业综合实力前列的多元化咨询企业，总部位于江苏南京。公司组建于1988年，是全国第一批社会监理单位，率先开展建设监理及项目管理试点工作。公司连续四次被认定为高新技术企业，现为中国建设监理协会副会长单位、全过程工程咨询试点单位，具有工程监理综合资质、工程咨询单位甲级资信、工程设计建筑专业乙级资质。

公司以"为业主服务、保工程质量、铸精品丰碑"为使命，努力不懈地打造精品项目，深受行业好评。公司由初建时的监理业务逐步拓展为集全过程工程咨询、工程设计、工程监理、项目管理、造价咨询、招标代理、BIM技术、第三方巡查、工程软件开发等为一体的综合型工程咨询企业。承接的业务专业领域涵盖房建、道路、医院、水厂、学校、轨道交通等。

公司发展以科技创新为核心驱动力，依托江苏省城市轨道交通工程质量安全技术研究中心、江苏省建筑产业现代化示范基地、南京市民用建筑监理工程技术研究中心、南京市装配式建筑BIM应用示范基地四大平台，攻克重大工程关键技术及管理难题，推动智能建造应用。

公司现有员工2100余人，人才队伍专业齐全、年龄结构合理，已形成高起点、高层次的工程咨询团队，对工程项目实行全过程、全方位管理，以深入现场、热心服务的工作态度赢得了客户的信任和赞誉。

面对市场机遇和挑战，江苏建科咨询继往开来，制定了"服务高端业主、承接大型工程、拓展新兴市场"的战略，积极倡导"以人为本、合规经营、开拓创新、追求卓越"的价值观，凭借优质的工程质量和完善的服务体系，以市场化、多元化的经营理念开拓发展，致力于成为工程咨询行业的领军者，为推动工程行业的发展和社会进步做出更大的贡献！

深圳国际美术馆

（本页信息由江苏建科工程咨询有限公司提供）

海门市体育中心

南京大学苏州校区

南京市妇幼保健院丁家庄院区

河海大学长荡湖大学科技园（一期）

江南农村商业银行股份有限公司"三大中心"建设工程

凤凰和熙

狮山广场

苏州湾文化中心

启东文体中心

江苏大剧院